あなたの眼鏡はここが間違っている

人生にもビジネスにも効く眼鏡の見つけ方教えます

眼鏡スタイリスト
藤 裕美

講談社

H-fushion HF- 120 Col.1S

TURNING T-166 Col.01

ic! berlin 125 FOXWEG Col.TAUBENBLAU/PEARL

Line Art CHARMANT XL1422 Col.WP

Before

Name: 河本さん
Age:20代
Job: 就活中

Twenties

1

20代男性

2 30代女性

Thirties

YELLOWS PLUS PAYTON Col.434

Lafont REGINA Col.437

Before

Name: 峰さん /Age:30代 /Job: ライター

VOLTE FACE GRETEL Col.9599

BARTON PERREIRA BETTY Col.MTT/BRG

FACE À FACE SOUNDS2 Col.203

Thirties

3

30代男性

RODENSTOCK R2219 Col.A

Silhouette 7722 Col.6052

Before

Name: 巽さん /Age:30代 /Job: カメラマン

DJUAL G-02A Col.2

HENAU JIM Col.N57

ic! berlin CHRISTINA H.Col.CREME BRULEE

40代女性

Forties

prodesign : denmark 4141 Col.8023

FLEYE KRISTI Col.5006

VOLTE FACE HANAH Col.8092

Silhouette M4220/41 Col.6050

LINDBERG 1824 Col.H26/GT

Before

Name: 長澤さん /Age:40代 /Job: イメージコンサルタント

STARCK EYES SH9901 Col.0055

DJUAL OHT-07 Col.01

OLIVER PEOPLES GALLISTONE Col.BECK

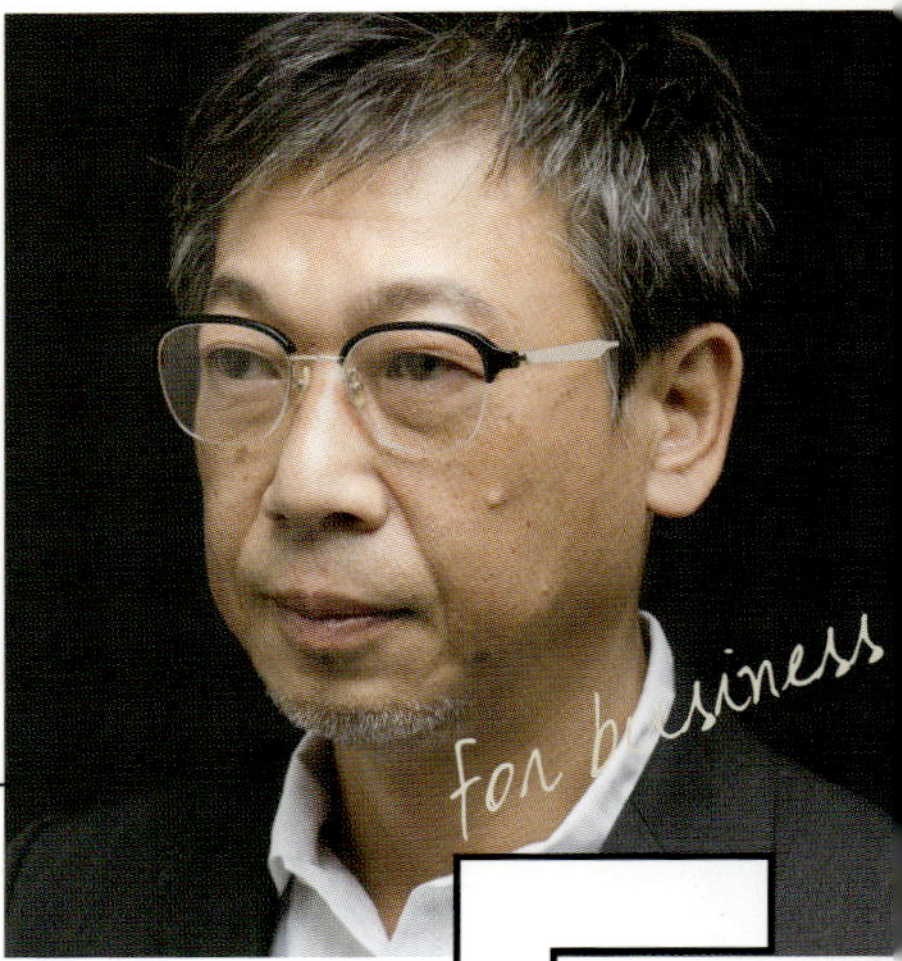

999.9 M-41 Col.9001

Fifties 50代男性 5

HOET ALAIN Col.BS

KAZUO KAWASAKI MP-717L-PB Col.9

frost ARTISAN Col.32

REIZ GERMANY ESCHE Col.165

Before

Name: 宇野さん
Age:50代
Job: 会社経営

Fifties

50代女性 6

Before

Name: 川島さん /Age:50代 /Job: サロン経営

THEO DAUPHINOIS Col.376

J.F.Rey Petite PA035 Col.9012

MYKITA SESI Col.917

HOET AURELIE Col.BS

Flair 016 Col.279

Looks good!

はじめに

巻頭の写真を見てください。
同じ人、髪型、同じ服なのに、かけている眼鏡が違うだけで、まったく違う印象を受けませんか?

優しそう。
渋い。
仕事がデキそう。
5歳若く見える。
デザイナーっぽい。
お金持ちそう。

眼鏡は顔のど真ん中。

眼鏡をかけたときとかけていないときで別人のように変化します。
そして、かける眼鏡ひとつで相手に与える印象に差が出ます。
そう、一秒で変身できるのです。

見た目が変わるだけではなく、
周りの人の反応も変わり、自分の気持ちも変わり、人生も変わります。
眼鏡を変えれば、思いのままの印象を相手に与えることができるのです。

- ☑ **人と話すのが苦手**
- ☑ **容姿に自信が持てない**
- ☑ **一度会った人に覚えてもらえない**
- ☑ **「自分らしさ」がわからない**
- ☑ **午後になるとなんだか疲れる**
- ☑ **自分はモテないと思う**

もしあなたが、このどれかに当てはまるならば、眼鏡をかけるだけで解決できるかもしれません。

「そんなわけないよ」

もしあなたがそう思ったなら、あなたはまだ、本当の眼鏡の世界に出会っていないだけです。

眼鏡スタイリストという職業柄、

「私、眼鏡似合わないんです」という言葉をよく耳にします。

この20年間、たくさんの人の眼鏡選びをさせていただきました。

そのほとんどの人が自分の眼鏡姿にネガティブ意識を持っていました。

でも、私が数本の眼鏡を選び、かけてもらっただけで、自分の眼鏡姿に自信を持ってくれました。それぐらい、眼鏡のネガティブ意識を変えるのは簡単なことなのです。


それはなぜでしょう?


私がすごい! みたいに聞こえますが、違います。

眼鏡がすごいんです。

残念ながら、そんな眼鏡の持つ本当の力に気づいているのは、眼鏡ユーザーでも3割もいないかもしれません。

たかが眼鏡、されど眼鏡。少しの意識の差が、人生に大きな差をつけます。

☑ **仕事の効率が上がった**
☑ **名前を覚えてもらえるようになった**
☑ **やる気が増した**
☑ **モテるようになった**
☑ **人から話しかけられるようになった**
☑ **抜け毛が減った**

これは実際、私のお客様に起きた出来事です。眼鏡をうまく選べるようになるだけで、こんな化学反応が起こります。

今までいろいろな眼鏡をかけてきても、そんな化学反応が起こっていないという人は、非常にもったいない。

なぜあなたには今まで化学反応が起こらなかったのか？
それはこんな眼鏡選びに原因があるのかもしれません。

- **どのお店に行ったらいいかわからないから、安いお店でいいや……お店を選んでいない**
- **自分は丸眼鏡が似合わない……決めつけ**
- **パーソナルカラーを基準に選ぶといいはず……セオリーを鵜呑みにする**
- **なんでもいいや……無関心**
- **店員に接客されたくないなぁ……店員を信用していない**
- **試着が恥ずかしい……消極的**
- **長く使いたいから、普通の眼鏡を選ばないと……思い込み**
- **視力検査なんて面倒臭い……眼鏡は医療器具という意識が薄い**

まずはこうした眼鏡の購入の仕方を変えましょう。

本書では、巷で言われている顔の形別の眼鏡の選び方などのセオリーは紹介していません。そうやって一見わかったつもりになって眼鏡選びをするよりは、

「眼鏡って面白い」

「自分はいろんな眼鏡が似合う」

「眼鏡って奥が深い」

「眼鏡はプラスになる」

そんな本当の眼鏡の実力を実感してほしいと思い、私が今までたくさんのお客様との眼鏡選びの中で経験し、気づいたエピソードをたくさん紹介しています。

この本でよく使っている「似合う眼鏡」とは、世間一般のおしゃれな眼鏡ではなく、あなたの隠れたいろんな魅力を引き出し、かけることでプラスの変化をもたらしてくれる、そんな眼鏡のことをいいます。

本書を読み終えたとき、みなさんが眼鏡の魅力を知り、自分だけの〝似合う眼鏡〟に出会ってもらえたら嬉しいです。

さあ、あなたの人生を変える眼鏡を探しにいきましょう。

眼鏡カタログ①……2
はじめに……9

STEP1 眼鏡が似合わない人はいない……27

「なんとなく選び」が損をする……28
「知ること」の化学反応……29
フィッティングの重要性を知る……31
「イマイチ眼鏡」が「似合う眼鏡」に変わる！……35
仕事がデキる人の眼鏡のかけ方……37
まつ毛が当たる、鼻が低い、ご心配なく！……39
基本のかける位置を知ろう……40
似合う眼鏡＝その人らしさ……42
個性を引き出す眼鏡……45
「似合う眼鏡」の定義……46

簡単セルフチェック……50

STEP2 「似合う眼鏡」はこんなにスゴイ……53

第一印象、人は顔を見る……54
なぜ政治家は「いい眼鏡」をかけているのか……55
眼鏡でキャラを上手に立たせる……59
コンプレックスがチャームポイントになる……63
眼鏡で無くした自信を取り戻す……64
眼鏡で婚活に成功……65
苦手だったコミュニケーションの手助けに……66
モテ眼鏡＝ネタ眼鏡……67
モテ眼鏡とは？　―藤裕美個人見解―……69
「モテ眼鏡ください」とむしろ言おう……75
男女の眼鏡選び……77

女性はメイク感覚で……79
家用眼鏡は適当ではダメ……81
眼鏡は美容効果あり！……83

STEP3 人生を変える眼鏡選び 準備運動編……87

眼鏡選びの前に現状把握を……88
じっくり鏡を見る……89
目標＝欲しい眼鏡……93
過去の眼鏡を振り返ってみる……94
自分の仕事を映す眼鏡……95
自分らしさがわからない……98
自分の憧れの人……99
知ることから始めよう……101
眼鏡アンテナを立てる……102

先人の英知に学ぶ……105
眼鏡店チェック……106
感性の合う眼鏡店を探そう……108
店内の下見のポイント……109
いい眼鏡店、いい眼科……111
フレームとレンズは同じ店で買うべきか？……114
眼鏡試着は予測が大事……115
眼鏡のチェックポイント……117
質のいいものを買いましょう……119
流行について……121
お金はどのくらいかけるべき？……123
お金をかけると何がお得？……125
大事なのはアフターケア……127
眼鏡はコスパがいい……131

手頃な価格の眼鏡との付き合い方……132
ネットで眼鏡は絶対買ってはダメ……133
眼鏡カタログ②……137

STEP4 人生を変える眼鏡選び 買い物編……145

眼鏡店に持っていくもの……146
コンタクトレンズで行くか眼鏡で行くか問題……148
顔の特徴別・選び方のポイント……150
眼鏡店に入ったら……154
・店員と積極的に話をしましょう……154
・いいお客であれ！……156
・おすすめの5本……157
・全身鏡でチェック……158
・別人の自分にわくわく……159

・「似合わない」眼鏡こそ、チャンス……161
・気になったフレームはキープ……162
・選択眼鏡術……163
・再度、選び直しをする……164
・とにかくかけて無理やり選択……165
・写真を撮る……166
・未来の自分を想像できる眼鏡……166

STEP5 これだけは知っておきたい目のこと、眼鏡のこと……169

こんな行動、目の危険信号!!……170
あなたの目は大丈夫？……172
急増中「スマホ老眼」……173
「目がいいんです」と言う人が危険……175

人生の半分は老眼……178
気になる抜け毛は眼精疲労から？……182
遠くが見えるのは「得」ではない……183
若い頃から「目がいい」人へ、これだけは知っておいて欲しいこと……185
眼科か眼鏡店か？……186
視力検査は千差万別……188
レンズ選びは仕事にプラス……191
ビジネスパーソンにおすすめのレンズ……194
累進レンズについて……195
ブルーカットコーティングは本当に効果あり？……198
ビジネスにプラスの累進レンズ……201
視力検査・レンズ選びのポイント……202
こんなコーティング選びはいかが？……203
怖い紫外線……204
サングラス選びのコツ……206

日々のケア……209
〜面倒臭がり屋の人へ〜眼鏡選び　まとめ……212
おわりに……214
ブランドリスト……220

あなたの眼鏡はここが間違っている

人生にもビジネスにも効く眼鏡の見つけ方教えます

眼鏡の各パーツの名称

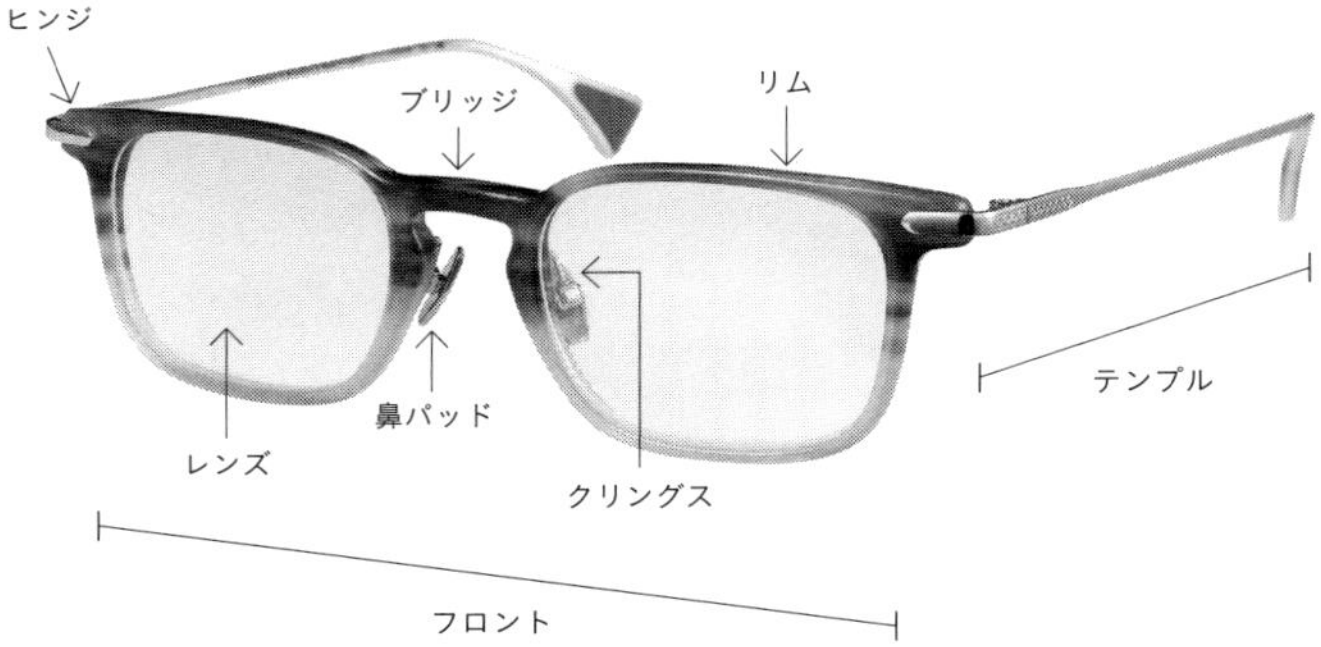

STEP 1

眼鏡が
似合わない
人はいない

「なんとなく選び」が損をする

まず最初に、みなさんに質問したいと思います。

今使っている眼鏡は、気に入っていますか？

「買ったときは、店員さんも似合うとすすめてくれたし、自分も漠然とそんな気がしたけれど、3ヵ月経ったころから、なんだかイマイチな気がしてきた」

「似合っているとか好きとか、気にしたことがない」

「わからない……」

実際のところ、そんなふうに「なんとなく」眼鏡をかけている人が多いのではないでしょうか。

眼鏡選びの失敗の原因は、私の経験上、このように推測されます。

・「自分の顔」＋「眼鏡」で選んでいない

・鏡をよく見ていない
・意思が入っていない
・あまり興味がない

人は、買い慣れていないものは、選ぶ基準さえわからない。わからないけれど、無いと困るから、必要に迫られて、どこかで見たことがあるものを買う。

どれが自分に似合っていて、どれがおしゃれに見えるのかもよくわからないから、適当に選んで、さっさと決めてしまう。視力検査も面倒だから、早めに済ませてもらって、お買い上げ。

これぞまさに負のスパイラルです。

「知ること」の化学反応

あるとき、ドイツ人の眼鏡デザイナーが来日しました。せっかくだからと、彼をおいしい寿司店に連れて行った時の話です。

おまかせコースでお願いしたとき、そのデザイナーは大将に「ウニは入れないで」とリクエストしました。というのも、以前に食べたウニに独特な苦みがあり、それ以来ウニが嫌いになってしまったとのこと。

「おいしいウニを食べたことがないのではないですか？　うちのウニは他とは違って、ウニが苦手な人でも食べられますよ」と大将。

それを伝えると、彼は思い切って苦手なウニに挑戦してみることになりました。

結果は、「素晴らしい！　ウニがこんなにおいしいとは！」と大絶賛。それ以来、彼は来日するたびにこの寿司店を訪れ、ウニを食べています。

苦手なものとは、過去にどういう出会い方をしたかに大きく影響されるものです。

眼鏡店で働いていたときも、新規のお客様のほとんどが、「眼鏡が苦手」「似合わない」と来店されました。

でも、いろんな眼鏡をかけてもらううちに「私、眼鏡似合うかも」「これは悪くない」と言ってくれました。

「眼鏡が似合う自分」との出会いが自信となり、それまでの思い込みを変えるのです。

私は20年間、たくさんの人に眼鏡をスタイリングさせていただいていますが、「この人は眼鏡が似合わないな」と思ったことは一度もありません。

「眼鏡が苦手」と思ってしまう原因の多くは、「過去のトラウマ」か、「眼鏡をかけた経験がとぼしく、自分の眼鏡姿を見慣れていない」か「思い込み」なのです。

一度抱いた抵抗感は、簡単に払拭できるものではありません。けれど、素敵なお店・店員さん・眼鏡との出会いによって、一瞬でプラスの印象に変えることができるのです。

自信を持って何度でも言います。
眼鏡が似合わない人は、絶対にいません。

「似合わない」と悲観的に考えるより、「新しい眼鏡との出会いによって、自分がどう変わるのか、ワクワクする！」と、楽観的に捉えてみませんか？

フィッティングの重要性を知る

眼鏡選びは、どうしたら成功するのでしょうか？

その秘訣を探るために、眼鏡選びを洋服選びに置き換えて考えてみましょう。

一本のパンツを買うとします。まずはデザインを決めて、次に自分に合うサイズのものを選び、それから試着をします。

ウエスト周りが大きすぎないか？　きつすぎないか？　はき心地、脚を屈伸したときの伸縮やシワなどを確認して、全身鏡でシルエットなどをチェック。裾はロールアップするか裾上げをするか？　どの丈に仕上げるべきか？

たった一本のパンツを買うために、これだけの順序を踏んでじっくり吟味したことが、誰でも一度はあるでしょう。自分のお気に入りのものを手に入れるには、これぐらいの慎重なチェックが必要なのです。

そんなパンツよりももっと長時間使うものであり、医療器具でもある眼鏡。それなのに、最終フィッティングのときのサイズ感やかけ心地のチェックを、ほとんどの人が気にしていないのです。

フィッティングとは、眼鏡をかける人の顔に合わせて、店員さんが眼鏡を曲げたり、伸ばしたりして、形状を変える作業のこと。

「なんだかサエない」眼鏡の原因は、選び方以前に、まずフィッティングにある可能性が大きいのです。

今かけている眼鏡は、下を向くと落ちてきたり、こめかみに食い込んで痛くはないですか？

それは、フィッティングが合っていない証拠です。

ジョブズは眼鏡も自己プロデュースのツールに。

余談ですが、アップル創業者のスティーブ・ジョブズは、私の知る限り、同じ眼鏡を使い続けていました。

ドイツのLunorというブランドで、フチなしの一山タイプの丸眼鏡。彼は服装に関しても黒のタートルネックにジーンズという定番のスタイルでした。

写真で確認する限り、体型の変化があってもこめかみにテンプルが食い込むことなく、いつもパーフェクト！

しかもフレームが劣化した様子はないので、同じ眼鏡を数本所持し、メンテナンスもきちんとしていたのではないかと

眼鏡をかける位置で、こんなに印象は変わります。

推測されます。

プレゼンテーションの天才でもあった彼は、ビジネスで、眼鏡も自己プロデュースのツールとして使用していたと思われます。

「イマイチ眼鏡」が「似合う眼鏡」に変わる！

今使っている眼鏡がイマイチなら、まずは、フィッティングを改めましょう。見違えるほどいい印象になるかもしれません。新しい眼鏡を買わなくても、手持ちの眼鏡が素敵な眼鏡に変わることもあります。

前ページの写真をご覧ください。どの写真の人物も、眼鏡をかける位置によって、全く違った印象を受けませんか？

いかに眼鏡をかける位置が大事か、一目瞭然ですね。

かける位置次第で、似合うはずの眼鏡も、たちまち似合わない眼鏡になってしまいます。たった数ミリの差も、それが印象の差となり、他人からの見え方や自身のかけ心地にも、大きな差が出てしまうのです。

近年は、正しくフィッティングされていない眼鏡をかけている人が、かなり多いと感じます。

一方、年配の方の眼鏡は、比較的しっかりフィッティングがされています。きっと、技術力の高い眼鏡店で購入し、きちんとメンテナンスもしているのでしょう。

私はしばしば、老人福祉施設などを訪問し、眼鏡のメンテナンスや目の体操のボランティアを行っています。そこで70代、80代の方からよく聞くのが、「眼鏡だけは、お金をかけていいものを買うように両親に言われていた」という話。

確かに昔は、眼鏡＝高級なイメージがありました。それと同時に、眼鏡＝医療器具という意識も高かったように思います。

実際、眼鏡店でも、60歳以上の方は眼鏡のメンテナンスに来られる機会が多いのです。それだけ、快適な眼鏡の大事さをご存知なのでしょう。

普段、私がお客様にフィッティングを施すと、長年眼鏡をかけてきた人でさえも「こんなにしっかりフィッティングされた覚えはない」とおっしゃいます。

残念ながら、これが日本の眼鏡ユーザーの現状です。その言葉を聞くたびに、眼鏡の大切さを広める活動をしている私の力不足を感じ、反省と落胆で複雑な思いになります。

最近は、眼鏡ブランドがデザインの段階で、誰がかけてもかけ心地がよくなるように設計しています。

しかし、どんなにうまく設計していても、**それぞれの人の顔に合わせたフィッティングなくしては、快適な眼鏡は成立しません。**

フィッティングなしの眼鏡は、見た目が悪くなるだけでなく、見え方やかけ具合にも影響して、眼精疲労の原因にもなるのです。

できあがったときにお客様にかけてもらい、「大丈夫ですね」の一言だけで、きちんとフィッティングをしないお店もあるのでご注意ください。

仕事がデキる人の眼鏡のかけ方

みなさんは「仕事がデキる人」の眼鏡姿をどうイメージしますか?

以前、ちょっと面白い実験をしたことがあります。

仕事がデキる人

仕事がデキない人

かける位置が違うだけで、印象は変わる。

「同じ眼鏡を使って、仕事がデキる人とデキない人を表現してください」というお題を数人に出してみたのです。するとほとんどの人が、デキない人を表現するときは眼鏡を鼻のところまでズリ下げてかけました。仕事がデキる人を表現するときは、眼鏡をぐっと奥までかけて片手で眼鏡を持ち上げる仕草。

これは非常に面白い結果です。ほとんどの人が、自分の眼鏡のフィッティングには全く興味を持っていないのに、他人の眼鏡の位置による印象の変化を無意識に理解していたのです。これは、眼鏡をかけている人も眼鏡をかけていない人もほぼ同じでした。

眼鏡をかける位置が印象的な人といえば、往年の喜劇役者、大村崑さん。丸眼鏡をかなり下げめ（低め）でかけている、昔のオロナミンCの看板でおなじみのあの方です。

眼鏡がズリ落ちていると、どこか間抜けで、仕事がデキなそうに見えますよね。喜劇役者である大村崑さんはこのかけ方により、「面白そう」という印象を与え、そのキャラクターのイメージを定着させることができたわけです。

基本のかけ方としてはNGのかけ方ですが、この場合は大正解と言えるでしょう。

まつ毛が当たる、鼻が低い、ご心配なく！

それでは正しい位置とは一体どこなのでしょう。

私は接客するとき、お客様の試着する眼鏡が変わるたびに、正しいかけ位置にセットして、鏡をお見せするようにしています。

フィッティングで正しい位置に眼鏡を動かし、セットすると、みなさん口を揃えて「結構、奥までかけるんですね」と驚かれます。

実は日本人の多くが、眼鏡をかけるとき、ちょっと下げめの位置でかけるクセがあります。

正しい位置は、今かけている位置より少し上と思っていいかもしれません。

そうはいっても、「奥まで眼鏡をセットするとまつ毛が当たってしまう」「鼻が低いから下がる！」「ほおに当たるのでは？」と思う方も多いでしょう。

でもご心配なく。その悩みは、解決できます。

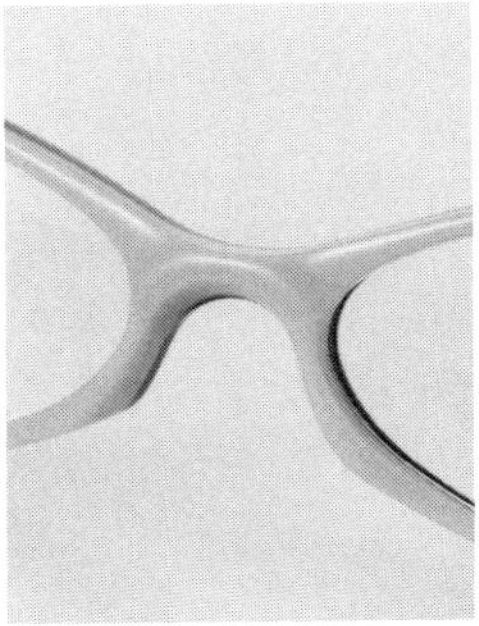

鼻盛り前
鼻のパーツは変更できる。

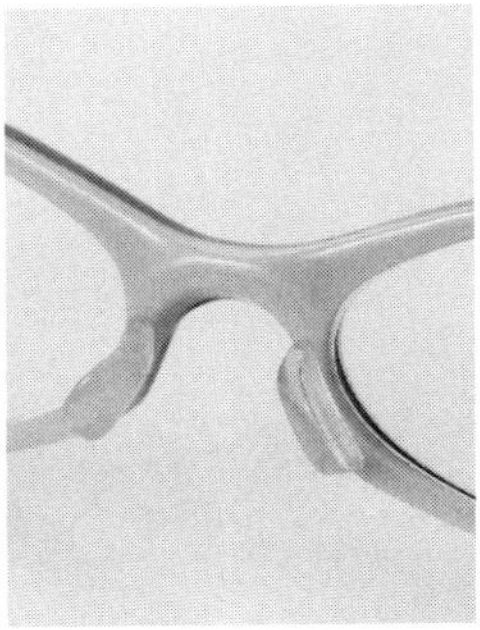

鼻盛り後

眼鏡の位置を左右する、鼻に当たる部分の形状というのは、変更できます（上の写真参照）。

ただし、プラスティックフレームの鼻盛り交換は少し作業が必要。素材やお店によって、お直しの対応ができないこともあります。

お客様のことを思って対応してくれるお店は、技術力も意識も高いです。これはお店選びのひとつの基準になるかもしれません。

基本のかける位置を知ろう

同じ眼鏡でも、目とフレームのバランス次第で「似合う」「似合わない」が変わってきます。それを知ることが、眼鏡選びを成功に導く第一歩です。

眼鏡のレンズ上下の幅が狭いものは、レンズの中心に黒目がくるように（41ページ写真参照）。狭い眼鏡は下げめにかけている人をよく見かけます。前述したように、下げめに

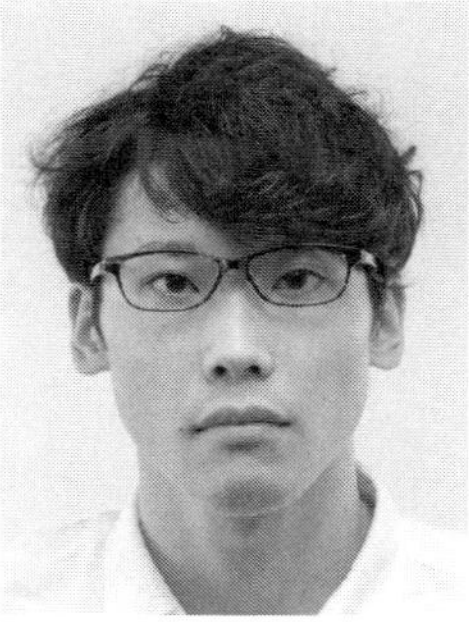
「上がりすぎ」
レンズの上下幅が狭いフレーム。

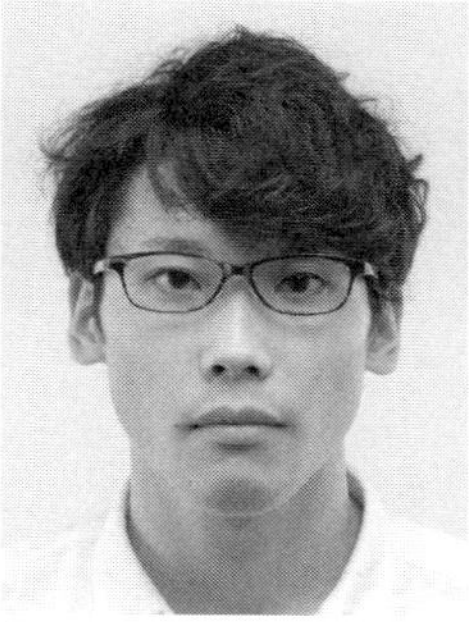
「ベスト」

「下がりすぎ」

かけるとちょっとダサい印象になるので、レンズの中心に黒目がくるようにフィッティングしてもらいましょう。

眼鏡のレンズ上下の幅が広いものは、レンズの中心から少し上に黒目がくるように（42ページ写真参照）。中心に黒目を合わせると上部にへんな空きができて、間抜けな顔になるのです。男性で小鼻が高い人や太い人は上に上がりやすいので特に意識してください。

もうひとつ重要なのは、レンズの横幅に対しての目の位置です。基本はレンズの中心に黒目がくるのがベスト。日本でよく見かけるのが、「顔が大きく見られないように」と顔幅までレンズがあるフレームを選んでいる人。見た目を気にしたつもりが、黒目がレンズの中心に寄り、寄り目顔に。結果的にとてもバランスが悪くなってしまっています。せっかくの美人も美男もイマイチになってしまうので気をつけてくだ

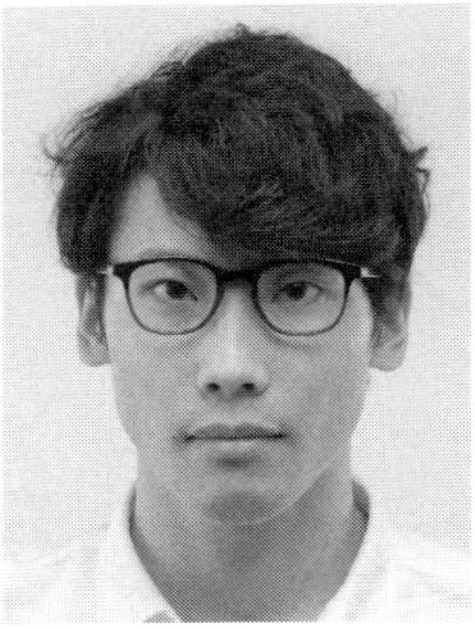

「上がりすぎ」
レンズの上下幅が広いフレーム。

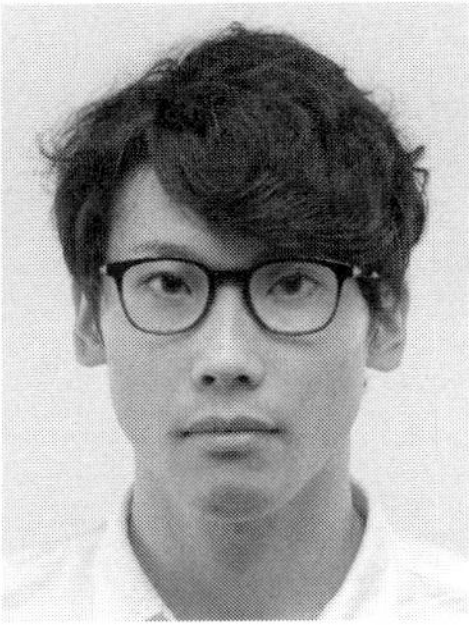

「ベスト!!」

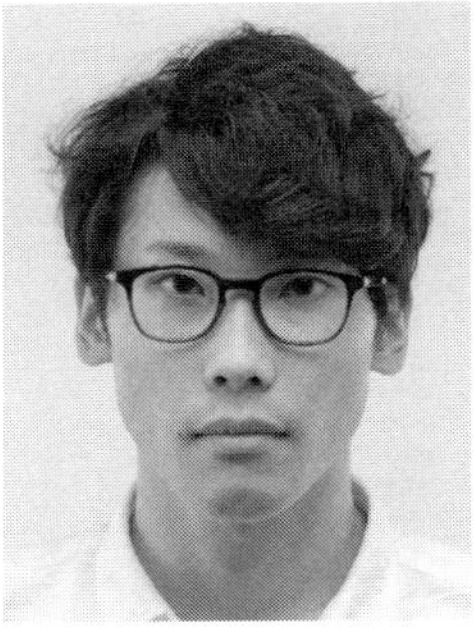

「下がりすぎ」

さい。

あくまでもこれらは基本です。眼鏡とその人の相性によって、目の位置のバランスや高さを変えたほうがいい場合も多くあります。試着して店員さんに正しい位置を教えてもらいながら選ぶことをおすすめします。

似合う眼鏡＝その人らしさ

フィッティングの次は「似合う眼鏡」についてお話しします。

本当に似合う眼鏡は、かける人との間に化学反応を起こします。

実は私は学生のころ、眼鏡が嫌いでした。

近視なのに、眼鏡をかけた自分の顔が嫌で、高校1年生までは「眼鏡をかけるのは授業中だけ」という生活をしていました。

そんな私が眼鏡を好きになったのは、ある眼鏡店との出会いがきっかけでした。

高校生の私は、Ｔシャツとジーンズ姿がとても素敵なあるモデルさんに憧れていました。シンプルなスタイルなのに雰囲気がある！　そんな大人になりたい！　と強く思っていました。

でも、私がＴシャツとジーンズだけ真似しても、ただの部屋着のよう……。持って生まれた素質の違いを実感しつつ、「素敵な女性になるには、内面を磨かなくては！」と思っていました。

そんなとき、私は自分にとっての「運命の眼鏡」に出会いました。

いつもの部屋着のような格好が、その眼鏡をかけるだけで一気に洗練度が増し、おしゃれな外着に変わる！

一本の眼鏡が、憧れのモデルさんと私の素質の差を埋めてくれたのです。

それはまるで、化学反応。

「雰囲気というものは、眼鏡一本で簡単に作れる」ということに気づかされました。

では、化学反応を起こすには、どうすればいいのか？
それは、〝自分らしさ〟で眼鏡を選ぶことです。

「有名ブランドだから」「芸能人がかけているから」「雑誌に載っていたから」といった理由で選ぶのは、ちょっと待ってください。

眼鏡は、顔と眼鏡の「相性」が重要。幅が１㎜、角度が１度でも違うと、微妙に似合い方が変わってしまう、繊細なものなのです。あなたとその芸能人では（当たり前のことですが）顔が違います。腕時計やバッグと違い、眼鏡は顔の違いが「似合う／似合わない」に大きく影響するのです。

ですから、誰かと全く同じものを買うのではなく、憧れはあくまで参考程度にとどめ、まずはいろいろな眼鏡を試着してみてはいかがでしょうか？

自分の顔とその眼鏡が合うか？　そう考えて選ぶほうが、似合う眼鏡に出会う確率はうんと高くなります。

私はよく「どうしてその人に似合う眼鏡がわかるんですか？」と聞かれることがあります。おそらく、昔から人に興味があり、人間観察をしていたからではないかと思います。

その人間観察のおかげで、人を見た瞬間、その人の長所やチャームポイント（「笑った顔が素敵」「渋い」「女性らしい」など）を私なりにキャッチすることができるようになりました。

それは誰もが持っている、その人から滲み出る「魅力」のようなものです。本人が気づいていない魅力もあれば、意識的にそう見せた魅力の場合もあります。

「素敵だな」と思わせる人は、その人らしさ＝個性が表れているものです。

眼鏡選びというのは、絶対にその人らしさが大事。

「みんなと同じ」「普通でいい」と考えるのはもったいないと思います。人はみな、その人らしさに惹かれるものなのですから。

個性を引き出す眼鏡

「眼鏡で個性を出すのではない。眼鏡はその人の個性を引き出すものだ」

私が世界で一番尊敬している、ベルギーの眼鏡デザイナー、パトリック・フートさんの言葉です。

彼は、左右非対称、レンズがフレームからはみ出している、耳にかけない眼鏡など、固定観念を打ち破る斬新な作品をたくさん生み出してきました。

そのデザインは、眼鏡だけ見ると個性的なもの。でも、どんな個性的に思われるものでも、相性が合う人がかけると、奇抜さは全く感じられず、自然で、渋さやエレガントな印象になるものばかり。

彼の中では、変わったものを作ろうという意識は全くないのだそう。個性的なデザインもシンプルなデザインも一切線引きがありません。

眼鏡は、デザインだけで完結しているのではなく、誰かがかけることにより、その眼鏡の印象が変化する——。

彼がデザインした眼鏡を知って、眼鏡は顔に合わせることで完成するプロダクトだと、改めて気づかされました。

眼鏡はあくまでも、脇役なのです。

「似合う眼鏡」の定義

ここまで読んで、似合う眼鏡に出会う大切さを感じていただけたでしょうか？

たった一本の眼鏡で、あなたの見た目も内面も、がらりと変わり、その影響力は絶大なのです。

「はじめに」で書いたように、ここで使う「似合う眼鏡」とは、その眼鏡をかけることにより、本人が何かしらプラスの変化を感じる眼鏡のことを言います。

似合う眼鏡によって変化するものは、実にさまざまです。

気持ちが変わる

例：自分に自信が持てる。仕事に対してやる気が増す。コミュニケーションがラクになる。オンとオフの切り替えがしやすくなる。おしゃれしたくなる。

生活が変わる

例：仕事の効率が上がる。人から名前を覚えてもらえるようになる。モテるようになる。眼鏡のレンズを交換したら、肩こりや頭痛がなくなった。

人から褒められる

例：知らない人に「素敵な眼鏡ですね」と褒められる。同僚から「眼鏡が似合いますね」

と言われる。通りすがりの外国人から「Good glasses!」と声をかけられる。

愛着が湧く

例：眼鏡を拭くときも楽しい。使えば使うほど好きになる。ついつい飾りたくなる。

どうですか？　似合う眼鏡は得することがいっぱいなのです！

STEP 1

STEP 2　STEP 3　STEP 4　STEP 5

眼鏡が似合わない人はいない

用意するもの
□自分の眼鏡とサングラス
□鏡

簡単セルフチェック

自分の眼鏡のフィッティングが合っているか？
以下のチェック項目を確認してみてください。

眼鏡の端を持って、上げ下げしてみてください。レンズと目のバランスに注目しましょう。かける位置で印象が変わることを実感しましたか？

CHECK1 ズレていませんか？

眼鏡が下がりすぎていませんか？　逆に上がりすぎていませんか？　曲がっていませんか？　基本の位置（40ページ参照）でかけていますか？

CHECK2 下がってきませんか？

眼鏡をかけて真下を見て、10秒数えて、首を軽く左右に振りましょう。顔を正面に上げ、鏡を見てください。眼鏡が下がっていませんか？

CHECK3 目とレンズが離れすぎていませんか？

目とレンズの距離の基本は12mmですが、これはあくまで目安です。まつ毛が長い人はレンズが当たらないギリギリぐらいにフィッティングします。使う人に合わせて距離も変えますが、あまり離れすぎていると見た目も矯正度数も変わるのでおすすめしません。

CHECK4 テンプルと顔の間に隙間がありませんか？

テンプルがこめかみに食い込んでいませんか？　はずしてテンプル跡が残っていたらNGの証拠。逆にこめかみから離れすぎていてもＮＧです。

CHECK5 テンプルが耳から浮いていませんか？

浮いてしまうことで、眼鏡と顔の角度が変わってしまい、見え方に変化が生じ、疲れの原因になります。

CHECK6 レンズの角度が、まっすぐすぎませんか？きつすぎませんか？

レンズの角度の違いで見た目も矯正度数も変わるので見え方が変化し、疲れや違和感の原因になります。

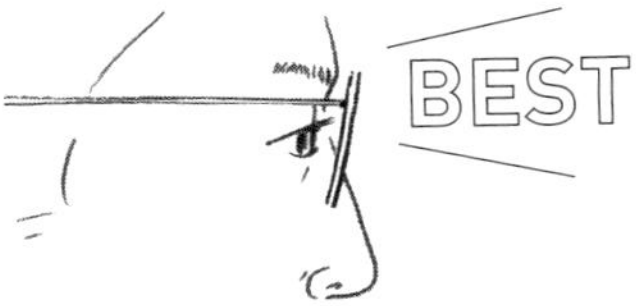

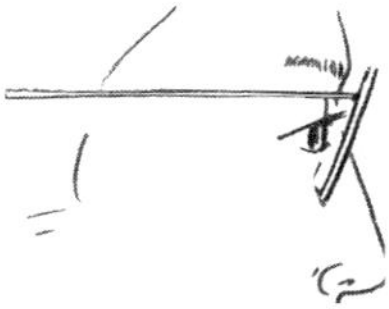

✕ 角度がきつすぎる

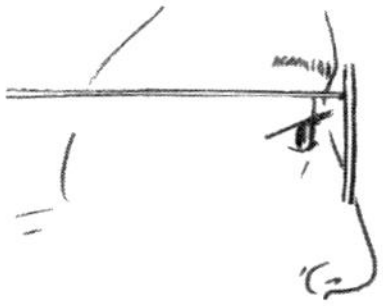

✕ まっすぐすぎる

以上のどれかに当てはまったら、眼鏡店でフィッティングしてもらいましょう。ベストなフィッティングは疲れないし下がりません。見た目もぐんとアップします。

再フィッティングは、眼鏡の素材や特徴、度数やレンズのことをわかっている購入店でしてもらうのがベストです。購入店以外でも対応してくれるとは思いますが、素材や劣化状況などの理由で対応してもらえないこともあります。
低価格のフレームの一部は素材、品質、作りの影響で、ベストにフィッティングしてもすぐに変形するものもあります。その場合はそれを理解した上で頻繁にフィッティングに通うようにしてください。

STEP 2

「似合う眼鏡」は こんなに スゴイ

第一印象、人は顔を見る

この章では、似合う眼鏡の持つ力を実例を挙げながらお話ししていきたいと思います。

以前、あるテレビ番組が〝第一印象の科学〟という特集をしていました。「人は初対面で相手のどこを見るのか」を街頭で調査していました。ダントツ１位が「顔」。これは予想通りですよね。

次に、覆面で合コンを実施してから、その後覆面を取り、人気投票をしました。すると、男女ともに顔出しの前後で一番人気が変わっていました。

やはり、人を判断する上で「顔」は絶大な影響力を持つのです。

眼鏡は、顔のど真ん中。

眼鏡が第一印象を左右すると言っても過言ではありません。

巻頭の写真でもわかるように、眼鏡で人の印象は七変化します。

そう、眼鏡さえきちんと選べば、初対面でも相手に好印象を与えることだってできるのです。

なぜ政治家は「いい眼鏡」をかけているのか

眼鏡の選び方やかけ方がとても上手なのは、やはり政治家の方々でしょう。

それを聞いて、「別におしゃれじゃないのに？」と思った人もいるでしょう。

でも、**似合う眼鏡とは、おしゃれな眼鏡というわけではないのです。**おしゃれな眼鏡＝似合う眼鏡という思い込みは今すぐ捨て去りましょう！


では、政治家の眼鏡のどこがいいのでしょう。

私はたまにテレビの国会中継を見るのですが、政治家の方々はみな、質のいい眼鏡を技術力の高いお店で作っているな、ということが画面からもわかります。

かける位置も正しく、目とレンズの距離、耳の後ろの曲げ位置など、多くの人が正しいフィッティングでかけているように見受けられます。眼鏡がズリ落ちていたり、こめかみに食い込んでいたりする人はほとんどいらっしゃいません。

それはなぜか？

政治家は、「人は外見で判断される」ということを誰よりも知っているからではないで

しょうか。

いろいろな職業のなかでも、政治家は特に「信頼できる」印象を与えることが大事。だらしない印象を与えるなど、絶対にあってはならないことです。

前にある議員が、鮮やかな緑色がワンポイントのちょっと個性的な眼鏡をかけていました。でもしばらくすると、シンプルな眼鏡に戻っていました。きっと、周りから何かしらの指摘があったのではないでしょうか。事実私も、政治家とその派手な眼鏡の組み合わせに違和感を持ちましたから。

あとで知ったところによると、その眼鏡は地元のサッカーチームを応援するためにそのトレードカラーを取り入れたものだったのだとか。

ただ、私たちが求める政治家のステレオタイプのイメージとかけ離れてしまい、ナイスアイディアとはならなかったようです。

この件でもわかるように、私たちは、政治家の外見に「おしゃれさ」は求めていません。老若男女、幅広いタイプの人からの好感度を上げるには、軽く見えがちな「おしゃれさ」より、信頼感、清潔感が求められるのでしょう。

では具体的に、眼鏡姿の印象的な政治家の方々をご紹介していきましょう。

まずは、官房長官時代に「平成」という新元号を発表し、国民的にも有名になった小渕恵三元首相。「平成」の発表のときは、大きめのオレンジがかったべっ甲の眼鏡がとても印象的でした。今でいう〝おじさん眼鏡〟のブロウタイプ（フレームが上だけのデザイン）をかけている姿のほうが有名かもしれません。首相在任中の小渕さんは、還暦を少し過ぎたころだったようですが、眼鏡をかけることでぐんと貫禄を感じさせていて、私は好きです。

小渕元首相は存在感のある眼鏡で人々に強い印象を与えた。

ナイスチョイスだと思ったのが、元都知事の猪瀬直樹さん。

借用書問題のときにかけていた、肌になじむベージュで、リム（レンズを入れる枠）が細いバッファローホーン（水牛の角）の眼鏡。形は一般的ですが、普通の男性なら黒を選ぶ人が多いもの。もしあの眼鏡が黒縁だったら、印象が一気にきつくなっていたと察します。

幅広い層に印象よく見せるには、あまり主張しないあの眼鏡が正解でした。

元宮崎県知事の東国原英夫さんといえば、眼鏡をズラしてかける鼻眼鏡が印象的です。なんで下げているの？　あのかけ方は間違っている！　と思った方もいるかもしれません。

実はあの眼鏡は、老眼鏡。なので、鼻でかけているのが正しい位置なのです。

老眼鏡というのは、近くが見えるレンズを使用する代わりに、そのレンズで遠くは見えづらくなります。でも、記者会見や会議などの際、手元の書類だけでなく、少し離れた人の顔も見なければいけませんよね。

そのように遠くを見るときは、眼鏡を鼻の部分までぐっとズラすことで、眼鏡なしの状態ができあがります。そのままで目線だけ下げたら、手元の書類は老眼鏡のレンズでちゃんと見える。実に合理的な使い方なのです（老眼については、ＳＴＥＰ5でくわしくお話しします）。

このように、政治家の眼鏡にもその人らしさが出ているから、面白いものです。

知名度が大事な政治家にとっては、眼鏡込みのキャラクターとして覚えてもらうことはプラスになります。みなさんもぜひ参考にしてみてください。

眼鏡でキャラを上手に立たせる

黒いサングラスといえばタモリさん、オーバル（楕円）の眼鏡といえば笑福亭鶴瓶さん、赤い眼鏡といえば南海キャンディーズの山ちゃん……というように、芸人さんというのは、眼鏡やサングラスを効果的に使って、ひとつのキャラクターを確立している人が多いですよね。

私は以前、眼鏡をテーマにしたあるテレビ番組で、ビビる大木さんのスタイリングを行い、新しい眼鏡を提案させていただいたことがあります。そのとき、少しの後悔と感心をした出来事がありました。

番組収録も終盤に差しかかったとき、私が選んだ眼鏡をかけているビビる大木さんを見て、司会の加藤浩次さんが、「それすごく似合っているね。でも、芸人としては今までの黒縁のほうがいいいか」とボソッとおっしゃったのです。

「確かに」とそのとき気づきました。

私がおすすめした眼鏡は、自分で言うのもなんですが、本当にビビる大木さんに似合っていました。ただ、フレームの色がエンジで、パール感のあるものだったので、対面するといい印象なのですが、画面に映ると、いつもの黒縁よりも印象が弱い。似合っているけれど、芸人のキャラクターとしてはその眼鏡だと印象が弱くなってしまうのです。

加藤浩次さんは、おぎやはぎさんにコンビで眼鏡をかけさせるなど、数々の芸人にアドバイスしてきた方だとか。さすがだなと感心したものです。

その後、ビビる大木さんが、私がおすすめした眼鏡をCMでかけてくださっているのを拝見しました。役柄が優しそうな旦那さんなので、その雰囲気には合っていました。ビビる大木さんがうまく眼鏡を使い分けてくださったおかげで救われた気がしました。

このように、場所や状況を考えた上で、眼鏡でどう自分を印象づけるかを考えることはとても重要です。

この眼鏡によるプラス効果は、テレビタレントだけでなく、ビジネスパーソンのみなさんでも同じことです。キャラクターを確立して、自分を覚えてもらうことは、人間関係を築く上でも必要なことですよね。

では、覚えてもらえる眼鏡とは？

いくつかのポイントがありますが、まずひとつ目は〝クセ〟があること。

たとえば、ラーメンで考えてみましょう。

今までいろんなラーメンを食べてきた中で、パッと思い浮かぶお店はどんなお店ですか？　柚子の香りがアクセントになっている。とにかく具が多い。まずい。パンチが効いている。極限まで王道のシンプルな味。

おいしいではなく、過去にどんなお店行ったかな？　と振り返ったときに思い浮かぶのは、何かしら〝クセ〟があるお店だと感じませんか？

クセがあると、相手の心に何かしらの印象が残ります。

とはいえ、ビジネスシーンでクセのある眼鏡なんてかけて大丈夫？　と思う人もいるでしょう。

クセがあるといっても、「キワモノ」はやはりNG。あくまでも、「いい意味の」クセを狙うのがカギとなります。

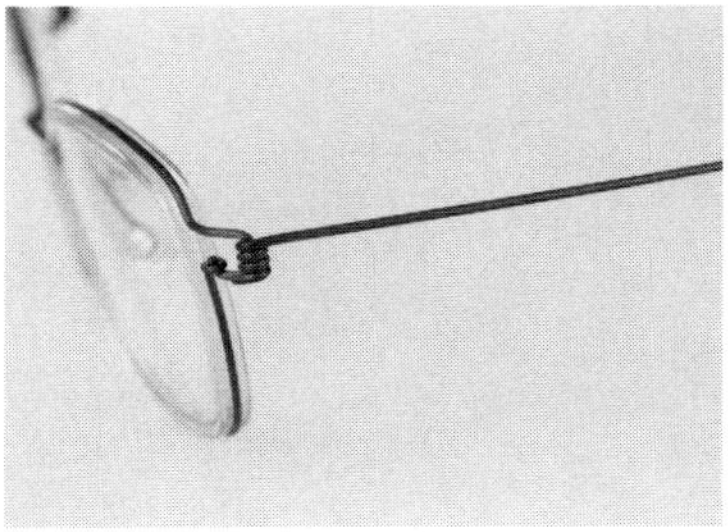

極限までのシンプルさ
LINDBERG

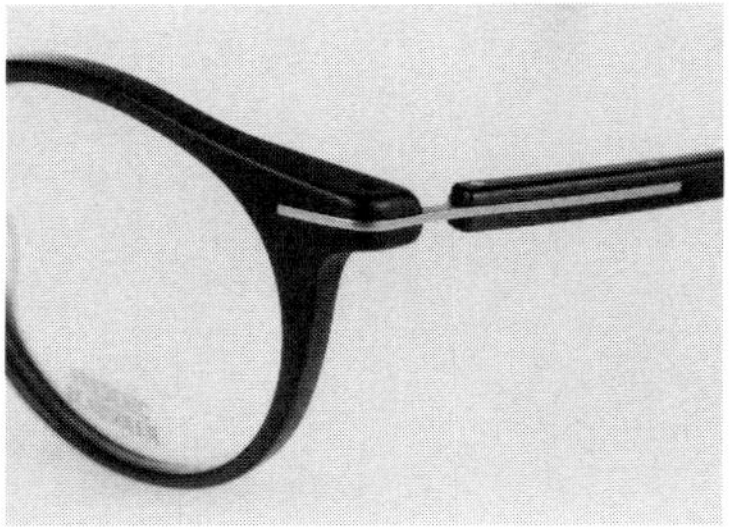

金具がポイント
FREDERIC BEAUSOLEIL

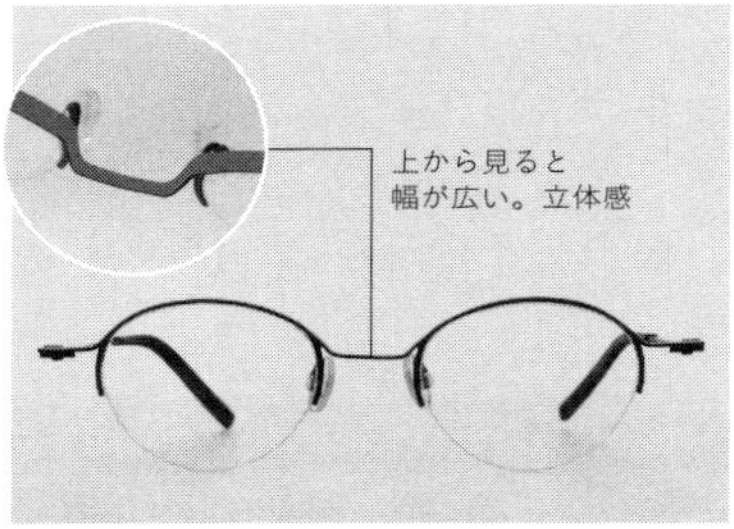

見る角度によって印象が変化する。
THEO

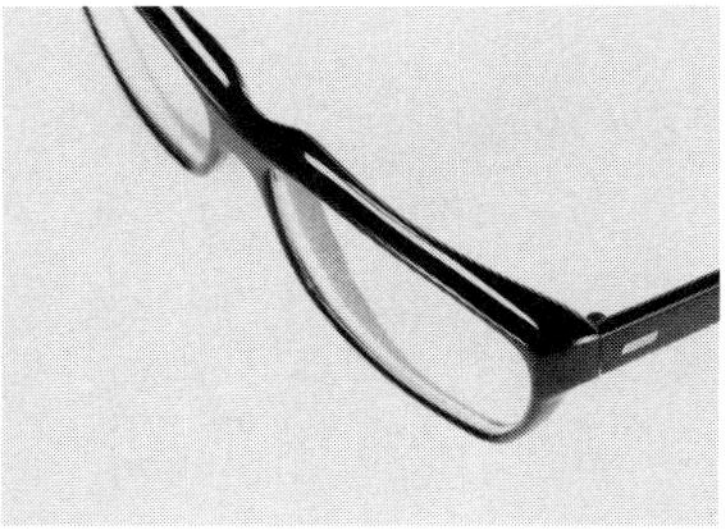

立体感に深み
REIZ GERMANY

上の写真を見てください。どれも一見シンプルなのに、明らかに何かが違う。そう思いませんか？
こういった、ちょっとしたディテールの違いが、いわゆるビジネス眼鏡の「クセ」なのです。

「覚えてもらう」ためのポイント2つ目は、〝眼鏡込み〟で自分を認識してもらうまで、同じものや同じテイストのものをかけ続けることです。

みなさんは、建築家のル・コルビュジエの顔をご存じでしょうか？
知っている方はきっと、リムがか

なり太いプラスティックの丸眼鏡を見ると「コルビュジエ」が思い浮かぶのではないでしょうか？

こうした印象的な眼鏡をかけ続けることによって、眼鏡込みでキャラクターとして認識されるのです。

職種や会社によってアドバイスは異なりますが、飲食店やフリーランスの仕事など、服装が自由な人は、周りがちょっと違和感をおぼえるぐらいのフレームを選んでもいいかもしれません。私の経験上、初めは身内から評判が悪いぐらいの眼鏡を選ぶほうがいい。ひたすらかけ続けることによってそのイメージが定着し、「渋い！」「かっこいい」「素敵！」につながります。

コンプレックスがチャームポイントになる

以前、こんなお客様がいらっしゃいました。

「自分の笑い顔が嫌いなんだよ」

眼鏡を選んでいるときに、ぼそりとつぶやいた60代の男性です。

その理由を聞くと、目尻に笑いジワができてしまって、老けて見えてしまうから嫌なのだとか。

そこで私は、レンズシェイプが半円のちょっと個性的なメタルフレームを提案してみました。

すると、それをかけて鏡を見たお客様は、「嫌だった目尻のシワが、素敵な笑いジワになった」と驚きながら何度も鏡をのぞきこんでいました。

そう、**眼鏡は、コンプレックスをチャームポイントに変化させることができるのです。**

それは確実に、かける人の自信につながります。

眼鏡で無くした自信を取り戻す

「私、この眼鏡が嫌いなの」と来店された、40代後半の女性のお客様の話です。

話を伺うと、その女性はうつ病を患い、薬の副作用で太ってしまったとのこと。太った顔とその眼鏡の相性がとても悪く、鏡を見るたびにとても嫌な気持ちになってしまうということでした。

そこで私は、その女性に一本ずつゆっくりお見せするのではなく、テンポよくポンポンポンと顔が変わっていく楽しさを体験してもらうことにしました。まずは自分の新しい顔への期待や可能性を感じてもらうことが大事だと思ったからです。

そして、最終的に明るい色のメタルフレームに決定。新しい眼鏡ができ上がった日は、嬉しそうに何度も鏡を見て、帰っていかれました。

その1年後ぐらいでしょうか。その女性を紹介してくださった常連のお客様から、「あの女性、〝眼鏡が似合いますね〟と言われるようになって、自信が持てるようになったみたい。うつ病が治ったらしいわよ」と教えていただきました。

もちろん、治った理由がすべて眼鏡の影響だとは思いませんが、たった一本の眼鏡で周りの反応が変わり、それが自信につながり、人生の転機になったのは事実のようです。

眼鏡で婚活に成功

似合う眼鏡の実力について、もう少し実例を挙げたいと思います。私が勤めていた眼鏡店に、よく買いに来られていた40代男性のお客様の話です。

ある日、結婚相談所に登録する写真を撮るので、女性にいい印象を与えるような眼鏡が欲しいと来店されました。

〝婚活写真〟は、とても重要なものです。結婚相談所の書類の写真を見て、第一印象だけで判断されてしまうのですから。

男性はメイクもしないわけですし、女性と違ってそんなに化けることができないから、眼鏡の力は重要です。

そこで、お客様と話し合って、ある程度、幅広い女性に受けるようなデザインにしましょうということになり、最終的に、全く違う雰囲気の眼鏡を2本選ばれました。

彼はその後1年足らずで結婚されました。

こういった人生を変える出来事の手助けができるのは、私自身もすごく嬉しいことで、ぜひとも結婚相談所で仕事をしたいぐらいです。

お客様が気づいていない魅力を引き出して、「自分はイケてる!」と自信が持てるように、そっと背中を押してさしあげることが、眼鏡にはできるのです。

苦手だったコミュニケーションの手助けに

もうひとり、こんな男性がいました。

ある日、ご来店くださった20代後半の男性。続けて2本もご購入いただきました。その後、大の眼鏡好きになり、その2本の眼鏡を、気分や雰囲気などシチュエーションに合わせて上手にかけ替えていらっしゃいました。

初来店からちょうど1年過ぎたころ、そのお客様から結婚の報告が。

「実は眼鏡をちょこちょこ替えていることに同僚だった彼女が気づいてくれて、彼女のほうから、いろんな眼鏡を持っているんですね、と話しかけてくれたことがきっかけだった」とのこと。

「元々人とのコミュニケーションが苦手で、会社の同僚ともうまく話せていなかったから、眼鏡との出会いは大きかった」と感謝されて、私もとても嬉しかったのを覚えています。

モテ眼鏡＝ネタ眼鏡

眼鏡は、人と顔を合わせたときにすぐに目につくので、話の糸口になりやすいもの。初めて会う人でも、話題のネタとなって、人間関係をスムーズにしてくれるツールです。

それはもちろん仕事上の人間関係にも効果がありますが、実は**モテたいときにもかなり効果的なのです。**

ある男性のお客様は、「飲み屋で眼鏡を褒められたんだよ」と、すっかり眼鏡好きになってしまい、次から次へと新しい眼鏡を購入されていました。

ネクタイや時計を替えていってもあまり印象に残らないけれど、眼鏡を替えていくと一目瞭然で、すぐに飲み屋のお姉さんが話題にしてくれるのだそうです。5人ぐらい集まって見に来て、注目の的になれるのだとか。

眼鏡が印象的だと、「眼鏡素敵ですね」と周囲の人が話しかけてくる。

男性の場合は、やはり女性から褒められるということが自分に自信を持つ一番の特効薬のようですね。

眼鏡を褒められたということは、顔の真ん中にあるものを褒められたわけですから、顔を褒められたことになる。嬉しくなるのは、当たり前かもしれません。

そんな、「飲み屋で褒められる眼鏡」。男性なら誰もが欲しいと思うでしょうが、それは、どんな眼鏡でもいいというわけではありません。

女性というのは、その人のキャラクターと合わず、トゥーマッチなものだとダサい、と感じてしまう、というところがあります。

一見普通のようだけど、ちょっとひねりがあったり、おしゃれだったりすると「カッコいい！」となるのです。

そう、モテ眼鏡に認定されるのは、非常にピンポイント。

「これは○○っていうブランドの60年代のアンティークで、素材は……」などと語り始めても、大抵の女性は、難しいウンチク話は面倒なので食いつきません。

〝こだわり〟は、あくまでも自分の中での秘かな愉しみにしておいてください。そこを語るのは、飲み屋では禁物。

「これフランスものだよ」くらいにしておけば、女性も目を輝かせて話に乗ってきてくれるはずです。

モテ眼鏡とは？　―藤裕美個人見解―

私が「モテ眼鏡」を自分なりに解釈した結果、辿り着いた条件があります。

「眼鏡をきっかけに異性から話しかけられる」

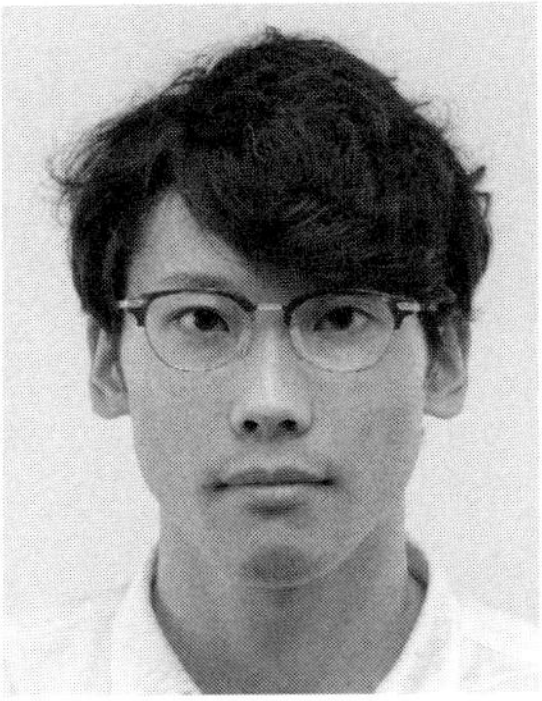

かけると普通の印象
ACTIVIST EYEWEAR

外すと……「なにこれ、２本あるの？」

ズバリ、この一点です。

本当にモテるかどうかは、結局、その人の中身や立ち居振る舞いが関わってくるもの。私もそこまでは責任を持てませんが、その手前である「きっかけ」作りは、できると思います。

では、具体的に、モテ眼鏡のポイントを説明しましょう。

かけている姿は、とにかく「さりげなく」。

ぜひ押さえていただきたいキーワードです。

❶ あくまでさりげない「技あり」デザイン

上の写真を見てください。

かけると一見普通の眼鏡に見えるけれど、眼鏡を拭くふりをしてさりげなく眼鏡をはずすと、「えーすごい」「なにこれ、２本あるの？」となるのです。これはもう男性陣、しめしめですよね。ナイスな掴みと強い印象を女性に与えてくれます。

この眼鏡以外にも、141ページのフランスのJ.F.Reyはフロントが3層になっています。140ページのドイツのic! berlin、こちらのヒンジはネジが一本も使われておらず、踏んだりぶつかったりして折れたり曲がったりする前に、わざとテンプルがはずれ壊れにくい形状になっています。女性の目の前でテンプルをひねってはずすと「壊れたと思ってびっくりした」「すご〜い」となるでしょう（人前で披露するには練習が必要です）。世界にはこんな「技あり」眼鏡がたくさん存在しているのです。

❷ 脱・定番色の「ちょい派手」カラー

いわゆる定番カラーではなく、眼鏡単体で見るとちょっとだけ派手に感じる色を選んでみましょう。グラデーションやダブルカラーなどで、かけてみるとトゥーマッチに見えない、なじみのいいものを見極めるのがポイントです。

ただし本人のキャラクターと眼鏡の相性が良くないと違和感が出るので、店員さんによく相談してから判断を。

日本人の多くは黒、茶、べっ甲色を選びがちなので、派手な色ではなくてもグレー、グリーン、紺、べっ甲ベースだけど少しブルーが混じっているなど、みんなと違う色をチョイスするだけで差が出ます。

❸ 隠れたインパクト

欧米などでは10年以上前から天然素材が流行っています。木、革、バッファローホーン、石、べっ甲、リネン、紙など素材もさまざま。

その中でも一番わかりやすいのは木の眼鏡。もしかしたら見た目だけでは気がつかない女性もいるかもしれませんが、この場合は自分からこの眼鏡の話題を振っても大丈夫。「最近、この眼鏡買ったんだけど、素材が木だからかけやすくて楽なんだよ」というくらいの軽いジャブでOK。「え？　これ本物の木なんですか？　すごい！　触っていいですか？」となるのです。

バッファローホーン、石など天然素材のものは質もよく、女性でも興味を示しやすい。ただし、ここで重要なのは一見普通の眼鏡に見えること。

同じ「素材が木」の眼鏡でも、見た目は普通の眼鏡と、工芸品のように木が全面アピールしているものでは、大きく印象が変わります。いろいろなウッドブランドがありますが、137ページのHERRLICHTというドイツのブランドは、個人的にイチオシ。

他にはフランスのLUCAS de STAËLの石と革を使用したフレームもかけたときの雰囲気がとても素敵です。

❹ 雰囲気を作ってくれるデザイン、ディテール

「世界で300本限定」「このかしめの部分が絶対、ゴールドでないと嫌だ!」「8㎜蝶番になっているのがかっこいい」など、ディテールにこだわって選ぶ男性の気持ちはよくわかります。

ただし、そのこだわり以前に、その人に似合っていないと女性は素敵と思いません。

プロダクトとしての魅力でかけるよりは、かけていかに素敵に見えるか? これが一番重要です。

上の写真を見てください。眼鏡のリムの部分がよく見るとガタガタしていたり、途切れていたり……。

少しデザイン性が高いけれど、レンズシェイプは多くの人が

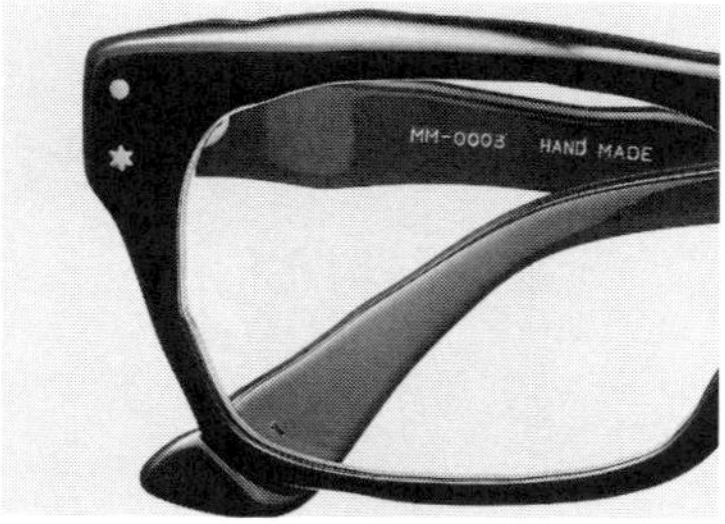

フレームがガタガタしている。かしめに星のポイントあり。
MASAHIRO MARUYAMA

似合うようにバランスを取っているので、意外に主張しすぎません。

写真のXAVIER DEROMEのようにフレームの一部分にポイントがあるのもウケがいいです。目立つけれど目立ちすぎない、いい塩梅。

137ページのベルギーのHOETは素材はチタンで一般的だけれど、よく見るとリムの表はツヤがあり丸仕上げになっています。一方、裏面はマットでフラット。こうした作りの違いは見た目に差が出るのでおすすめです。「一目で作りの違いがわかる。かけていると自然だけれど雰囲気が他のと違う！」

これが重要になってきます。

男性でモテ眼鏡をお探しなら、女性目線で選ぶことが大事。お店では女性店員の意見を参考にするといいでしょう。自分には思いつかなかった提案や意見がもらえるはずです。

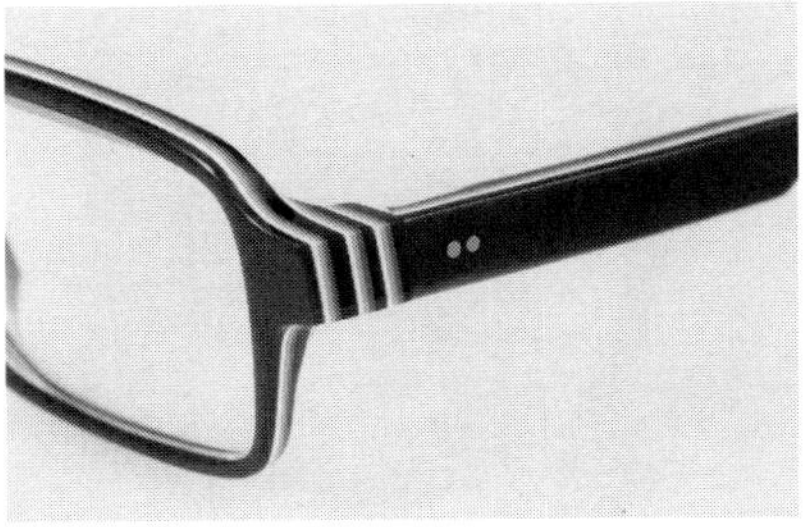

よく見るとシマシマになっている。
XAVIER DEROME

「モテ眼鏡ください」とむしろ言おう

ズバリ「モテる眼鏡が欲しい」というセリフは、実は男性客のリクエストの上位です。眼鏡を買いに行って、「モテたい」なんて言うのは恥ずかしい、と思う人もいるかもしれませんが、店員としては、はっきり言ってもらったほうが、むしろ好印象。

私の場合、最初に「モテたいんですよね」と言ってくれるお客様だと、「よし！」と俄然張り切ってしまいます。目的を言ってくれたほうが眼鏡を選びやすいし、お客様が自分をさらけだしてくれたほうが、店員としては嬉しいものです。

「モテたい」「モテそうな」とはっきり言うことに抵抗があるなら、「カッコよくなりたい」「違う印象に見られたい」と言って、何かしら女性を意識していることをアピールするのでもいいでしょう。

接客されているときに「女性的にはどう思う？」と女性店員に意見を求めるのもいいかもしれません。

かつて、私が熊本と福岡の眼鏡店で働いていたとき、お客様にそれぞれの土地柄が出ていて非常に興味深かったです。

熊本は、初対面でも10年来の知り合いくらいのテンションで接してきてくれる方ばかり。でも福岡は、もう少しクールな感じ。

その当時、木村拓哉さんがドラマでかけていたブロウのシャープな印象になる眼鏡が流行っていました。すると、熊本のお客様は、「キムタクの眼鏡なかね？」と熊本弁でストレートに聞いてくるのです。

一方、福岡のお客様は「フレームが上だけで、下がメタルのやつ」と遠回しに言ってくる。明らかにドラマでキムタクがかけていた眼鏡なのに、絶対にキムタクと言わない。真似して探している自分がちょっと恥ずかしいというところでしょうか。

でも、私の経験上、「誰々みたいな眼鏡」という要望を聞いて「カッコ悪いな」と思ったことはないですし、他の店員さんたちも皆そう言っています。

本人が心配するような、お客様のことを批判する店員なんていないものです。

「モテそうな眼鏡が欲しい」「キムタクみたいな眼鏡ある？」「ジョニー・デップみたいに

なりたい」と店員に話しかけてみてください。きっと、会話が盛り上がって、楽しい眼鏡選びができるはずです。

男女の眼鏡選び

ここでは少し男女の眼鏡選びについてお話ししましょう。

私は基本的に、男性と女性とでは、接客やスタイリングの仕方を変えています。

科学的に男と女の脳は違うといわれていますが、眼鏡選びにも、その違いが表れると感じています。

一言でいうと、女性は直感型、男性が論理型。

多くの女性は、見た目重視。素敵になるか、ならないかが判断基準となります。試着する際も、ブランドや素材などはあまり気にせずいろんな眼鏡をかける方が多いです。そして、気に入ったら、それが無名のブランドでも好きになれる。

一方男性は、かけた姿が気に入った眼鏡でも、ブランドイメージ、素材、作りなどが気になる方が多いようです。

たとえば、事前に雑誌やネットで情報を仕入れて来店されると、そこに載っていたものと同じものが欲しいと思ったり、かけて似合うと思った眼鏡よりも、雑誌で紹介されていたブランドのほうが買いたくなったり。

女性の場合はお客様の感覚をうまく引き出しつつ、直感的になりすぎないように、「よく考えてくださいね。勢いでかわいいって言っていませんか？」と軌道修正することもあります。

男性の場合は、ブランドや知名度で選ばないようにおすすめします。「似合う」を軸に、その眼鏡を買う付加価値を増すために、作りの特徴や、ときにはブランドの哲学などをお話しします。

候補の眼鏡をお店の棚や机に置き、少し遠くから眺めてもらい「自分の持ち物として好きか、考えてみるのもいいですよ」と言ったりもします。今後、数年間その眼鏡をかけて過ごしたいか？　持ち物として愛せるか？　やはり男性は似合うだけでなく、プロダクトとして愛せるかも重要なポイントですからね。

女性はメイク感覚で

女性は、日常生活のなかで、メイク、髪型、アクセサリーなど、顔まわりだけでも男性よりも多くの変身方法があります。

ですから眼鏡も、メイクと同じような感覚で考えるとうまくいきます。

眉の太さを変える、リップの色を気分や洋服に合わせて変えるように、眼鏡もあなたをキレイにする道具の一つと考えてください。

私は昔から毎日眼鏡を替えています。

その日の気分、会う人、行く場所、洋服などに合わせて眼鏡を選びます。

私の中で、洋服を着替えるのと眼鏡を替えるのは同じ捉え方。眼鏡はとても印象が強いアイテムなので、一本だけだと手持ちの洋服と相性が良くないこともあります。何本か持って、いろいろかけ替えると、ひとつの決まったキャラにならないのでおすすめです。男性と違って、女性は〝眼鏡キャラ〟が定着しすぎるのはマイナスにつながると個人的には感じています。

とは言っても、そんなに何本も買うことはできないもの。

ではどうすればいいか。タイプの違う長く使える眼鏡を、数年ごとに買い足していくのはどうでしょう。

1本目は自分の目指すイメージのど真ん中のものを。2本目は1本目とは真逆のものを。たとえば、プラスティック素材の眼鏡を持っているなら、次はメタル。落ち着いた色の眼鏡を持っているなら、今度は華やかな色のものを。違うイメージになるものを選ぶようにしてください。すると、同じ服でもかける眼鏡によって違う印象を周りの人に与えることができます。魅力の幅がさらに広がるというわけです。


女性はビジネスシーンでも、男性ほど服装の制約がないので、男性のように仕事用とプライベート用の線引きをしなくても問題ない方が多いと思います。

ただ、自分が働く会社のイメージはそれなりに意識しつつ選びましょう。

公共性の高い職場や制服のある方なら、眼鏡が主張しすぎず、印象が柔らかいものはいかがでしょう。リムが細いメタルフレームや、プラスティックでも顔になじむ乳白色や淡い色、クリア感のあるものなどがおすすめです。

一方、飲食店、アパレル、デザイン系、マスコミなど、比較的服装の自由度が高い職種の方は、アクセサリー感覚で選んではいかがでしょう。デザイン性のあるものや色のきれいな眼鏡でおしゃれ度や存在感をアピールするのもいいと思います。

詳しい女性の眼鏡選びのポイントは、142～143ページの眼鏡カタログで紹介しています。また、巻頭の3人の女性の眼鏡姿でも印象の変化に注目してください。

家用眼鏡は適当ではダメ

コンタクトレンズをメインで使っているので、眼鏡は家だけでかけている。そんな人も多いでしょう。家用眼鏡は全く注意を払っておらず、「人には見せられない！」そんなことになっていませんか？

美人で洋服もおしゃれ、申し分ない女性の家用眼鏡が曲がっていたり、薄汚れていたりしたら、非常に残念です。

「家用眼鏡だからこそ、とびきりお気に入りの眼鏡をかけたいんです」

昔、あるお客様が言った言葉です。

家にいるときはラフな部屋着、メイクも落とし、髪もボサボサでリラックス。そんな姿を見られるのは愛する恋人や家族。だからこそ、眼鏡が素敵なものであればリラックス姿も素敵に変えてくれるし、大好きな眼鏡だと気持ちが上がる。確かに家用眼鏡に気を配るとプラス効果がたくさんあります。

「下着と同じで、誰にでも見せるものではないからこそ、どうでもいいでは残念。そこにこだわることで、ちょっとだけ女度が上がる気がするの」と可愛らしく微笑んでいたお客様の姿が今でも忘れられません。

耳が痛い人も多いのでは？　そんな私もこのお客様との出会いをきっかけに自分の家用眼鏡をこだわったものに替えました。使い心地がよく、前よりリラックスできるようになりました。

コンタクトレンズは直接、眼球に触れているものなので、いつ傷がついたり炎症を起こすかわかりません。装着時間も短ければ短いほど、目のためにはいいのです。人前でかけられない家用眼鏡とはおさらばし、いつでもその眼鏡で外出できる、あなたの魅力をアップする眼鏡を使いましょう。

すぐに購入できない人は、手持ちの眼鏡を持って眼鏡店へ行き、再フィッティングとクリーニングをしてもらいましょう。それだけで気分がきっと変わるはずです。

眼鏡は美容効果あり！

近年はおしゃれに眼鏡を取り入れている人も増えてきましたが、まだまだ眼鏡が似合わない、かけたくないという女性が多いもの。

でも実は、眼鏡は女性が年齢を重ねていけばいくほど、とても強い味方になってくれるアイテムなんです。

女性は年を取るにつれて、目尻のシワなどが気になってくるもの。さらに、シワがあると、アイメイクなどもしづらくなってくる。そうすると、メイク全体がうまくいかず、なんだか不自然な仕上がりになってしまう……。

そんなとき、無理にメイクをせず眼鏡をかければ、ごく自然に、気になる部分をカバーすることができるのです。

さらに、エステやコスメなど、美容に関心が高い方にこそぜひ、知ってもらいたいことが2つあります。

ひとつ目は、**視力矯正や老眼対策を怠ったゆえの、シワ**です。調節力が衰え、近くのものがよく見えないのに、無理に見ようとして、無意識に眉間にシワが寄ってしまう……。そんな方をよく見かけます。

ほんの短い時間であっても、一日に何度も眉間にシワを寄せることを繰り返していたら、気がついたころには、眉間に深いシワが刻み込まれてしまうのです。

いくらエステでシワを無くしたとしても、眉間にシワを寄せるという癖を直さない限り、残念ながら、根本的な解決にはならないのです。

2つ目は、**毛様体筋という目の筋肉減少による、顔のたるみ**。

視力に左右差がある場合など、見えていないほうの目の筋肉を何年も使わないでいると、顔半分が下がって顔が変わることがあります。

実際に私の知り合いで、目の位置が変わってしまって、急いで眼鏡を作ったら、左右の目の位置が元に戻ってきたという事例もあります。

こうした目が原因の問題は、老眼が始まってからでは遅く、その前からのケアがとても重要になってきます。

視力に左右差がある方は、眼科や眼鏡店に行って、一度相談をしてください。若いうちに処置すれば、かなり予防することができます。「私はまだ老眼じゃない」「なんとなく見えればいい」そんな風に油断していると、いずれ恐ろしい結果を招くことになるかもしれません。

また、視力がいい人も、30代からおしゃれな伊達眼鏡として眼鏡を取り入れていると、いざ老眼の症状が始まったとき、抵抗感が少し緩和されるかもしれませんね。

ずっと眼鏡に縁がないという人は、眼鏡をかけるということ自体のハードルが高いかもしれません。まずは老眼生活を快適に過ごすための準備運動といった感覚で、伊達眼鏡を楽しんでみましょう。

STEP 3

人生を変える眼鏡選び
準備運動編

眼鏡選びの前に現状把握を

そろそろ自分に似合う眼鏡が欲しい気持ちがフツフツと湧き上がってきているころではないでしょうか。この章からは、実際に眼鏡を買う準備を始めましょう。

眼鏡選びのお手伝いをするときいつも感じるのですが、みなさん「眼鏡」を特別なものとして捉えすぎているような気がします。

でも、眼鏡選びは特に難しいものではありません。

こう考えてみてはいかがでしょうか？

眼鏡選びができる人＝仕事がデキる人

たとえば、仕事で新しいプロジェクトがスタートするとしましょう。

デキる人は、まずリサーチをして現状を把握。そして目標を定め、ゴールを目指します。

そうでない人は、現状把握も目標もないまま、なんとなくスタートしてしまいます。

それでは、なかなかゴールに辿り着くことができません。

では、眼鏡で考えてみましょう。

過去に眼鏡を買ったことがある人は、そのとき自分がどういう買い方をしたかを思い出してください。

いきなり眼鏡店に行き、店にあるものの中からマシなものを「なんとなく」買いませんでしたか？　それではお気に入りの眼鏡を見つけることは、難しいかもしれません。

どんなシチュエーションでも、大仕事に取りかかる前というのは、現状把握が大事。

眼鏡選びにおいても、まずは「今」を知ることが必要になってきます。

じっくり鏡を見る

ではここで、鏡を用意してください。

最近、自分の顔をじっくり見たことがありますか？　毎日チェックを怠らない人もいるでしょうが、案外、ちらっとしか見ないという人も多いのではないでしょうか？

普段あまり見ていない人は、自分の顔をあらためてじっくり見るのはかなり恥ずかしいかもしれません。でも、現状把握は重要。自分には見えていなくても、周りには見られているのですから。

では、用意した鏡を見ながら、次の項目をチェックしてください。

CHECK 1

客観的に見てみよう

客観的に見ることで「目が疲れている」「口角が下がっている」「二重アゴになっている」「肌の調子がいい」など、いろいろな発見があるはずです。第一印象、人からどう見られているかも想像してみてください。

CHECK 2

顔の大きさは？

他の人と比べて、自分の顔の大きさはどうでしょうか？　身長とのバランスではなく、あくまでも顔だけの大きさ、サイズ感です。よくわからなかったら、周囲の人の顔の大きさを気にしてみてください。自分の顔の大きさは普通なのか、小さいのか、だんだんわかってきます。

CHECK3

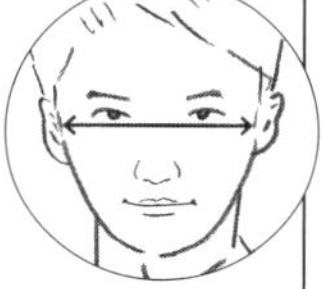

顔の横幅は？　広い？　狭い？

CHECK4

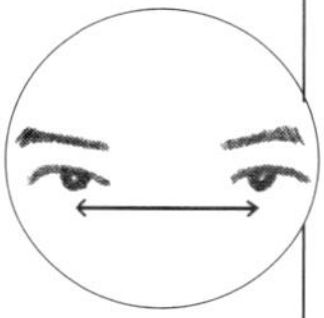

目と目の間は？　広い？　狭い？

CHECK5

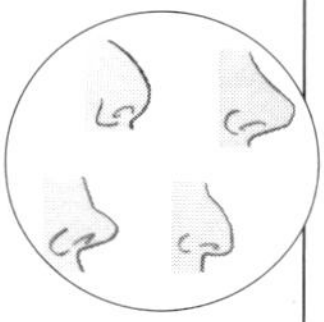

鼻は高い？　低い？　細い？　太い？

CHECK6

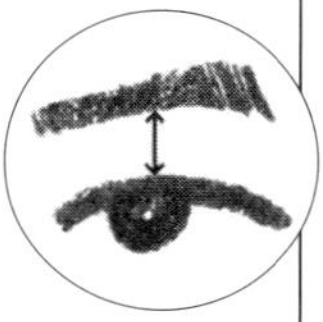

目と眉毛の間隔は広い？　狭い？

CHECK 7

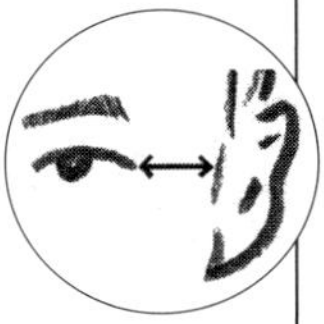

目尻とこめかみの間は広い？　狭い？

CHECK 8

顔の左右の違いは？

人の顔は、実は左右非対称。目の大きさに差があったり、高さが違う人はもしかしたら視力が関係しているかも。

こうしてあらためて自分の顔を見てみると、意外な発見があったのではないでしょうか？　これらは、私がお客様の眼鏡選びのときに欠かせないチェック項目です。自分の顔の特徴を知ることで、眼鏡を試着する際のチェックポイントがつかめるものです。ぜひこの機会に、じっくり自分の顔と向き合ってみてください。自分の顔の特徴をつかんだら、150〜153ページに眼鏡の選び方のコツをいくつかご紹介していますので、そちらもぜひ参考にしてみてください。

目標＝欲しい眼鏡

現状把握ができたら、次に「目標」を作りましょう。

仕事現場では、よくこの順番で考えを整理することがあります。

「What→Where→Why→How」

新しく買う眼鏡についても、同じように考えてみましょう。

What：何が今問題なのか？

例：「今の眼鏡を変えたい」「モテない」「眼精疲労がひどい」

Where：どこに問題があるのか？

例：「今の眼鏡は重たい」「目つきが悪くなってしまう」「老眼が始まった気がする」

Why：なぜそうなったのか？

例：「見た目を重視してしまったから」「遠くが見えづらくて目を細めるのが癖になっている」「年齢的な問題」

How：どうしたらいいのか？

例：「軽い眼鏡を買う」「遠くがよく見えるように矯正をした眼鏡をかける」「眼科に行き、老眼チェックをし、老眼が原因なら老眼鏡を作る」

こうやって順を追って考えていくと、だんだん、「自分はどんな眼鏡が欲しいのか？」ということがイメージできてくると思います。

過去の眼鏡を振り返ってみる

仕事がデキる人は過去の失敗から何かを学んでいます。

眼鏡も同じです。なぜ、使わなくなったのか？　なぜ、似合わないと思うのか？　少し考えてみればもう同じ失敗は繰り返さないはず。

ここで一度、過去を振り返ってみましょう。

私は接客するとき、お客様の過去の眼鏡を見せていただくことがよくあります。それを見ただけで、その人のタイプやどういう買い方をしてきたかが、なんとなく推察できるからです。その推察によって、おすすめする眼鏡が見えてくるのです。

もし、過去の眼鏡が数本あるならば、それを机に並べてみてください。何か共通点はありませんか？　たとえば「四角の眼鏡ばかり」「細身のデザインが多い」「すべてプラスティック素材」といった、形や色などの自分の好みの傾向が見えてきます。


次にもう少し踏み込んで考えてみましょう。

過去に購入した眼鏡は好きですか？　あまり気に入っていませんか？

もし、過去の眼鏡が好きになれなかったとしたら、その理由を考えてみてください。

「安いからとりあえず買った」「店員に似合うと言われ、買うときは似合う気もしたけどすぐ使わなくなった」「見え方に違和感があった」「友人から似合わないと言われた」「流行ものを買ったので、今は恥ずかしくてかけられない」

こういった何かしらの理由があるはずです。

自分の仕事を映す眼鏡

欲しい眼鏡の条件が見えてきたら、今度は自分の仕事のことを考えてみましょう。

たとえば、帝国ホテルの接客の良さはとても有名ですね。

フロント、配膳、靴磨き、ランドリー、どれをとっても細やかな心配りで、最高のおもてなしには定評があります。

長年、同じレベルの接客を保ち、その評判がずっと変わらないのはなぜでしょう？

それは、もちろん社員教育がしっかりされているということもありますが、そこで働くひとりひとりに帝国ホテルの顔としての自覚があるからではないでしょうか？


みなさんがもし、仕事のときにかける眼鏡を探しているなら、会社のイメージを考えて選んでみてはいかがでしょう？

ざっくりと、「派手だと怒られる」「スーツに合わない」くらいまでは考えて選んでいる人は多いと思います。でも、働いている会社のイメージを意識して眼鏡を選んでいる人はあまりいないのではないでしょうか。

人に名刺を渡すということは、自分自身がその会社の代表になっています。どんなに評判のいい会社でも、あなたの身なりや態度が悪ければ、一気に会社のイメージを悪くしてしまいます。

会社に属して仕事をしているならば、自分の個性を前面に押し出すよりは、会社のイメージでビジュアルを作ることも仕事をする上では必要であり、プラスにも働きます。

たとえば銀行員の方。公共性が高い職場なので、清潔感と好印象は重要でしょう。男性なら、スクエアやブロウの眼鏡でキリッとした印象に。逆にやさしそうに見せて、話しかけられやすくするのもいいでしょう。キャラクターが出るとんがった眼鏡よりは、しっくり馴染むものがよさそうです。

女性は、やさしく見える色や、派手すぎず肌映りがいいきれいな色のフレームもいいかもしれません。

外資系の会社の方なら、自分らしい雰囲気が出るフレームでもいいかもしれませんね。シンプルなフレームだけどレンズシェイプが独特なものなど、ディテールや素材にこだわってみるのもいいかもしれません。

本人に似合った眼鏡であっても、社のイメージと違和感があっては、どんなに仕事がデキても、外見でマイナスイメージを持たれる場合もあると思います。

自分が働いている会社のイメージはどうだろう？

どういう会社に見られているか？

「自分は会社の顔なんだ」という意識で自分の見た目に気をつけるだけで、きっと仕事もうまくいきはじめます。

自分らしさがわからない

自分に似合う眼鏡を選びましょう、と言われても、そもそも「自分らしさがわからない」という人も多いと思います。私が出会ったお客様も、初めは自分らしい眼鏡を選ぶことができない方ばかりでした。

大抵の方は「流行っているから」「みんながかけているから」といった理由で安易に選んでしまいます。でも、自分を見つめれば、少しはわかってくるものです。

私は接客のときに必ず雑談をします。実はこの雑談こそがその方の性格や生活スタイルを知るための重要ポイントなのです。

今日着ている服は好きなのか？　いつもどんな服を着ているか？　趣味は？　よく聴く音楽は？　そんな話を伺っているうちにその人らしさが把握できてきます。

同じように自分自身でもやってみてください。客観視することで、自分らしさを再認識するはずです。

私はよく「眼鏡を買うときは他の持ち物と同じように買ってください」とアドバイスします。たとえば、時計やバッグなどがシンプルで質のいいものを長く愛用しているなら、眼鏡もシンプルで質のいいものを。少し個性的なデザインが好きなら眼鏡も少し個性的なものを。

「みんなが持っているから」ではなく本当に自分が好きなもの。あなたが何にいつも魅力を感じているか？　それをあなた自身がつかむことができれば、きっと自然に「自分らしさとは？」の答えが見つかるでしょう。

眼鏡も自分のスタイルとマッチすることが大事。

もし洋服や小物にこだわりがあるなら、それらと並べてみてマッチする眼鏡かどうかを考えてみてください。特にこだわりがないなら、憧れの人の印象に近づけてくれるものを選ぶのもいいでしょう。

自分の憧れの人

私はお客様の眼鏡を選ばせていただくとき、特に男性には、「憧れの人はいますか？」と質問することがあります。

男性は、目指している存在が誰かしらいて、その人を軸に、見た目や好きなもの、さらには性格すら、影響を受けていることが多いからです。

こうして憧れの人を聞くことで、私自身もその方の理想が摑みやすくなります。こんな雰囲気を目指しているなら、こんな眼鏡、と私の頭に浮かんできます。ある意味共通言語を持った感じです。

もし、「自分らしさがわからない」というなら、誰かひとり憧れの男性をつくり、その人の服装、持ち物、発言、好きな音楽などを辿ってみてはいかがでしょう？

ただ単に真似するのではなく、憧れの人のエッセンスを取り入れるのです。

憧れの人は、テレビに出ているような有名人じゃなくてもいいのです。身近な人、青春時代に影響を受けた先生などでも結構です。どんな年の取り方が理想かな？ と考えることも、将来が楽しみになっていいものですよ。

一方、女性には「憧れの人はいますか？」という質問はあまりしません。

女性と男性とで接客スタイルを変えているということをＳＴＥＰ２でお話ししましたが、この点においても同じです。

もちろん女性にも憧れの対象はあるとは思うのですが、ファッションは誰々、髪型は誰々、ライフスタイルは誰々、などとそれぞれに自分らしく選択していくことがうまい。

ですから女性の場合は、自分自身が魅力的に見える眼鏡を直感で選ぶほうが成功するようです。

眼鏡選びというのはとてもパーソナルなもの。ですから、顔に合うだけでは似合う眼鏡にならない。性格、仕事、周りの環境、好きなもの、いろんな要素をもとに選ぶことが大切なのです。

知ることから始めよう

いざお店に入ったとき、どんな眼鏡をかけていいのかわからない。

そして、気になる眼鏡を手に取ってかけてはみたものの、それがいいのか悪いのか、似合うのかどうかもわからない。

ひとりで考えてもわからないので、勇気を出して店員さんの接客を受けたものの、すすめられたその眼鏡もいいのかわからない。

店員さんに「似合います」と言われてもやっぱり自分ではピンとこない。

そういう経験をしたことはありませんか？

でも、これは眼鏡に限ったことではありません。〝慣れていない〟ものは、初めはわからないというのは、当たり前。

「似合う」「似合わない」の前に、運動の前のストレッチのように、眼鏡とはどういうものなのか、知ることが大事なのです。

眼鏡アンテナを立てる

みなさんにまず実践していただきたいことは、眼鏡アンテナを立てることです。

周りにいる眼鏡をかけている人を、観察してみてください。

企業のマーケティングと同じで、まずは市場を知ることが大事です。

友人や同僚でもいいですし、電車に乗っている人、街ですれ違った人、テレビに出ているタレント、雑誌のモデルでもいい。とにかく、眼鏡を中心に世の中を見てください。

初めはただ、意識して眼鏡をチェックするだけでいいのです。

だんだん「この人の眼鏡は縁が太い」「眼鏡が下がっている」「ほおにフレームがついている」「レンズが汚れている」などと気づくようになるはずです。

あらためて観察していくと、今まで意識していなかったことに気がつきます。そして、知らなかった世界が見えてくるのです。

今現在、眼鏡のことを「知らない」という人は、とにかく眼鏡アンテナを立ててみてください。眼鏡がどういうものなのか幅広く捉え、自分の「好き」が見えてきたら、それに絞って観察するとうまくいきます。

興味を持つことで眼鏡の知識は格段にアップする。

「こういう眼鏡が流行っているのか」「こんな眼鏡をかけた人は素敵」「なぜこの人はこの眼鏡が似合っていないのか」など、わかってくることがあるはずです。

興味を持つだけで眼鏡知識はアップするので、その後眼鏡店に行ったとき、自分の変化に驚いてしまうかもしれません。

事実、この本の担当編集者は、私の教えた通りに眼鏡アンテナを立てたところ、今では「あの人、眼鏡が目から離れすぎです」「あの眼鏡の素材、安いですね」など、私並みに眼鏡を見分けることができるようになっています。

ただ、観察するだけでいいんです。その効果は絶大です。

近年、プライベートブランドを中心に、日本ブランドのフレームは、あえて鼻の部分の形状を高く設計してあります。それは、ほおやまつ毛にフレームが当たらないようにするための配慮です。

ただ、フィッティングをせずに、目から離れすぎのままかけている人が多いことが、とても気になっています。目から離れすぎると、同じ矯正度数でも、見え具合が変わってしまいます。

さらに、顔がフラットなアジア人の顔は、目から離れれば離れるほど、眼鏡と顔の一体感がなくなり、見た目もかっこ悪くなってしまいます。

強度数の人がとても気にしている、眼鏡をかけると目の大きさが変わってしまう問題も、この距離と大きく関係しています。

近視の人は、レンズとの距離が離れれば離れるほど、目が小さく見えて、遠視の人はその逆で目が大きく見えます。

自分の眼鏡は大丈夫か、チェックしてみてください。目とレンズが離れすぎで損をしている人は本当に多いのです。

先人の英知に学ぶ

以前、『タモリ倶楽部』というテレビ番組で、鉄道映像に出演者がアフレコを入れるという企画をやっていました。

走行音、アナウンス、信号音、その場にいる人の会話まで、鉄道ファンの出演者たちが役割を決め、一人で何役もこなしながら音を入れるというユニークな内容でした。「プシュ」「カンカンカン」「タリラリラリラン」と、とにかく出演者が楽しそう。

全く鉄道に興味がない私でも、30分笑いっぱなしでした。

それ以来、ホームや車内の音が少し気になるようになりました。ああ、この音だ！　この音だ！　という感じに、いつもの駅のホームが楽しく感じられました。

全く興味がなかったものでも、自分の考えとは違う角度から面白さを伝えられることにより、スーッとその魅力に気づくこともあると思います。

しかも人は、大好きなものの魅力を人に伝えることが上手。だから、話を聞いていても面白い。

眼鏡アンテナを立てるとき「眼鏡が素敵だな」と思った人に、勇気を持って話しかけてみてください。そんなことできないと思われるでしょうが、実は眼鏡愛好者は、よく声をかけられています。エレベーターで偶然一緒になった人や電車で隣になった人に、「眼鏡素敵ですね」「似合っていますね」と言われるのは日常茶飯事。

褒められるのはみんな嬉しいものです。突然声をかけられて嫌がる人はいません。ちょっと勇気がいるかもしれませんが、素敵な眼鏡をかけている人を見つけたら、「眼鏡どこで買ってます?」「どうやって選んでいるんですか?」などと話しかけてみましょう。

きっと、その人なりの眼鏡選びのこだわりや眼鏡の魅力を話してくれて、参考になるはずです。

眼鏡店チェック

「あれ? 工事しているこの場所、前はなんのお店だったっけ」と思い出せないこと、ありますよね。

人は一日に膨大な情報を処理しなくてはいけないので、視界に入っていても、必要な情報しか記憶には残っていないのです。

ですから今は、「眼鏡の情報が重要である」ということを頭にインプットしておいてください。

情報がないと、眼鏡を買う店ひとつもわからないものです。

いざ、眼鏡を買おうと思っても、どこに買いに行けばいいかわからない。よくわからないから、なんとなく店を選び、なんとなく買ってしまう。

それがすべて悪いとはいいませんが、この本を読んでいる人は人生に効く眼鏡に出会いたいと思っているはずですから、お店はきちんと選びたいものですよね。

安価な眼鏡店、街の眼鏡店、大手チェーン店、デパートの眼鏡売り場、セレクトショップ。眼鏡を売っている店は、大きく分類しただけでもこれだけあります。

そして洋服店と同じように眼鏡店にも、安さ重視、検査重視、見た目重視、日本ブランド中心、海外ブランド中心など、一軒一軒で個性があります。

まずは、自分の生活圏内のどこに眼鏡店があるのか？　気にしてみてください。

軽くのぞいてみて、その店の品揃え、価格帯、雰囲気などを感じましょう。

ここで重要なのは軽い下見。わざわざ入らなくても、外観だけ見て、「ああここにあるな」くらいでもOKです。

有名な店にこだわる方もいますが、有名だから自分に似合うわけではないんです。あまり知られていない店が、自分にはとても心地よいこともよくあります。

忙しくていろんな眼鏡店に行く時間もない方も多いかもしれません。そんな方は前述したように、「眼鏡を素敵にかけている人にどこのお店で買っているのかを聞く」のがおすすめ。

後はデパート。私はよくデパ地下を利用しますが、生鮮食品もスイーツも惣菜もクオリティーが高い。それなりのお金を支払いますが、デパートの眼鏡売り場も、それだけ払っても満足する技術力、サービスがあると思います。

感性の合う眼鏡店を探そう

そのお店に置いてある商品のセレクトが自分の感性に合わなければ、どんなカリスマ店員でも、あなたを素敵に変身させることは難しいでしょう。

なぜなら、そのお店にはあなたが探している眼鏡は置いていないのですから。

お店にあるすべての眼鏡をかけても、ピンとくるものは見つからず、「まあ、これがマシかな」と妥協するしかないのです。

自社ブランドだけのチェーン店は違いますが、それ以外の眼鏡店は、商品は店主または会社のバイヤーがセレクトしたものが並んでいます。

ということは、たとえ取り扱いブランドが同じでも、お店によって、品揃えが全然違うということ。

あなたにおすすめされる眼鏡も、お店や店員さんの感性によって変わってきます。

運命の眼鏡に出会う成功率のほぼ８割は、お店選びが鍵を握っているといっても過言ではありません。

まずは自分の感性と合いそうな眼鏡をセレクトしているお店や、フィーリングが合う店員さんを見つけることが近道です。

店内の下見のポイント

気になるお店を見つけたら、店内に入ってみましょう。でも下見の段階では、あくまでもさらっと。お店や店員の雰囲気、品揃え、価格帯など、主観でいいので、自分の好みに合うか感じ取ってください。

店内に入ったら、「今日は下見なんですけど、いいですか?」と店員さんに一言伝えるといいかもしれません。

お客様の立場としては「買わなきゃ悪い」という意識がなくなります。対して店員さんは、「いい眼鏡を選んでさしあげなくては」という責任感ではなく、「気楽に見てもらおう」という姿勢で接客できるので、お互い気持ちが楽かもしれません。眼鏡店の店員さんで、「下見です」と言われて嫌な顔をする人はほとんどいないので、どうぞご心配なく。

個人的な意見ですが、眼鏡店の方は人情味のあるいい人が多いのです。気さくに話をしてくれて、下見のつもりが素敵な眼鏡に出会ってしまった! なんてこともあるかもしれません。

初めから一軒一軒真剣に接客を受けていくと、たくさん見過ぎて何がいいのかわからなくなってしまう可能性があります。数撃てば似合う眼鏡に当たるわけではないので、そこは気をつけてくださいね。

何よりも、お店の雰囲気や品揃えが気に入って、店員さんとのフィーリングも合うお店を見つけるのが一番です。

いい眼鏡店、いい眼科

〝おすすめの眼鏡店〟は、誰もが知りたいと思う情報ですよね。

私も教えられるものなら、教えたい……のですが、正直、いい眼鏡店の基準は人によってさまざまなので一概には「この店」と言えません。

ただ、私なりに思ういい店は、

- 店内がいつもアップデートされている
- 売りつけようとしない
- お客様それぞれに合わせた提案ができる
- ついついいろんな話をしたくなる
- 会話の中に発見がある

この5つではないかと思います。

先日、少し自分の目が気になって、テレビにも出演する有名な医師がいる眼科に行きました。ところが、いろんな検査はしてくれたものの、今、何の検査をしているのか、その検査結果も、最後まで全く説明がありませんでした。

私が不安に思っていることを伝えても、それに対して特別な検査をしてくれず、結局私の不安は解消されることなく、高い受診料を払い眼科を後にしました。

もしかしたら、先生は特別な検査をせずとも、私の不安に思っている症状は特に異常がないと判断されたのかもしれません。

でも、こちらの話を詳しく聞こうという姿勢を感じることができなかった時点で、私はその先生を信用することができませんでした。先生にとっては大勢の患者のひとりにすぎませんが、私にとっては重要な受診だったのです。

眼科も眼鏡店も、信頼関係がすべてだと思っています。

そして、払った金額以上に満足できることがいい店、眼科だと思います。

よくない眼鏡店では、以下のようなことがあるかもしれません。

・知識、技術がなく、わからないことも知ったかぶりをする
・接客が事務的で、なんでも「似合う」のＹＥＳマン

・眼鏡や棚が整理整頓されていない
・スタイリングしてくれず、「軽い」「限定品」など、商品の情報しか言わない
・「今、これ売れてます」「芸能人の○○がかけてます」など、販売目的の売り文句ばかり

これでは、眼鏡でなくとも、ちょっと信用できませんよね。

そのお店にないブランドの商品について尋ねたときは、そのブランドの情報や取り扱い店を教えてくれる。そんな店員さんは、眼鏡知識が高い上に、お客様思いのとても良心的な人。気になっていたブランドの眼鏡をやめて、その店員さんから眼鏡を選んでもらいたくなりますよね。

ただ〝商品〟を買うだけなら、どこででも買えます。でも、眼鏡はそう頻繁に買うものではないので、同じお金を払うなら、その金額以上の知識や経験が手に入るお店で買ってもらいたいと私は思います。

事実、有名ブランドを目当てに来店し購入した方や、接客をほぼ受けずに自分で決定し短時間で購入した方よりも、店員さんに長い時間じっくり接客を受けてから購入した方のほうが満足度が高いという結果が出ていると、ある大手の眼鏡店の方から伺いました。

全国には良い眼鏡店、店員さんがたくさん存在します。

あなたが信頼できる、フィーリングが合うお店を探しましょう。

フレームとレンズは同じ店で買うべきか？

眼鏡を買うときは、フレームもレンズも同じお店で購入できるとベスト。

ですが、このお店はフレームのセレクトが素敵、こっちは視力検査が丁寧で好き、とフレームとレンズを入れるお店を別にするのもひとつの手です。

視力検査の途中でその店を信用できなくなったら、「レンズは少し考えます」と伝えましょう。一度頼んだことは断りにくいとは思いますが、不安なままそこでレンズを入れるのは危険です。

逆にそう伝えることで、担当が別の店員さんに替わって、結果的にそのお店で快適な眼鏡を作れるかもしれません。また、そう言われた店員さんが自分の視力検査技術を反省し、あらためて勉強しなおすきっかけになるかもしれませんので、そこはご遠慮なく。

ただ、むやみやたらに店員にダメだしをしてくださいと言っているわけではありません。

ここで重要なのは、「この店員さんに任せれば大丈夫」という信頼関係です。

用事がなくてもまた来たくなる、そんなお店や店員さんに出会えれば、メンテナンスする機会も増え、快適な眼鏡生活がスタートできるでしょう。

だんだん眼鏡というものへの興味関心が広がってきたところで、今度は具体的に眼鏡自体に注目していきましょう。

お店に行っても怖いものなしの、知っておきたい眼鏡の情報をご紹介します。

眼鏡試着は予測が大事

物事は、事前にその予測をできるかできないかで、成否が大きく変わってきます。

眼鏡に苦手意識を持っている人は、眼鏡をかけること自体に抵抗がある人が多いようです。

でも、ひとつの眼鏡を見て、それを自分がかけたらどういう印象になるか、ある程度想像できるようになるだけで、自分の眼鏡姿に抵抗がなくなるはずです。

みなさんは洋服を買うとき、「このTシャツは自分には小さいな」「このニットの色は似合いそう」と、自分が着るとどんな印象になるか、見ただけでなんとなく想像していませんか？

洋服の場合は、過去にたくさん購入して失敗も成功もしてきているので、自分のサイズや探しているタイプは、だいたい判断できるもの。

それならば、眼鏡選びも洋服のようにイメージできるようになれば、かけることも選ぶことも楽しくなります。

では、眼鏡を見たときにどこに注目したらいいのか。

これから具体的に、眼鏡のチェックポイントを説明していきましょう。

眼鏡のチェックポイント

CHECK1 リムに注目

眼鏡のフレーム部分（リム）の太さをチェックしてみてください。太さを見ると、かけたときにどう印象が変わるか想像できるので、試着して鏡を見ても驚かずにすみます。

BJ CLASSIC

EFFECTOR

眼鏡単体で
見ても
違いは明らか。

印象の変化が少ない。

別人のような印象。

CHECK2 レンズに注目

眼鏡のレンズの大きさをチェックしてみてください。小さくなればなるほど個性が出て、逆に大きくなればなるほど、また個性が出ます。レンズの大きさを見て、これは顔にかけるとどのくらいの大きさになるかを想像できるとベスト。洋服のサイズと同じです。気にしていると自然にわかってくるものです。

小さい眼鏡は個性が出る。

普通サイズだと印象もノーマル。

眼鏡単体で見ても
違いは明らか。

TRACTION PRODUCTIONS

MASUNAGA

CHECK3 フロントとテンプルに注目

フロントのデザインが同じものでもテンプルが変わるだけで、印象ががらっと変わります。同じ素材か？　色は？　デザインは？　太さは？　と、フロントとテンプルの関係を意識するだけで、眼鏡選びがぐんと楽しくなります。

テンプルが太いと存在感がアップする。
999.9

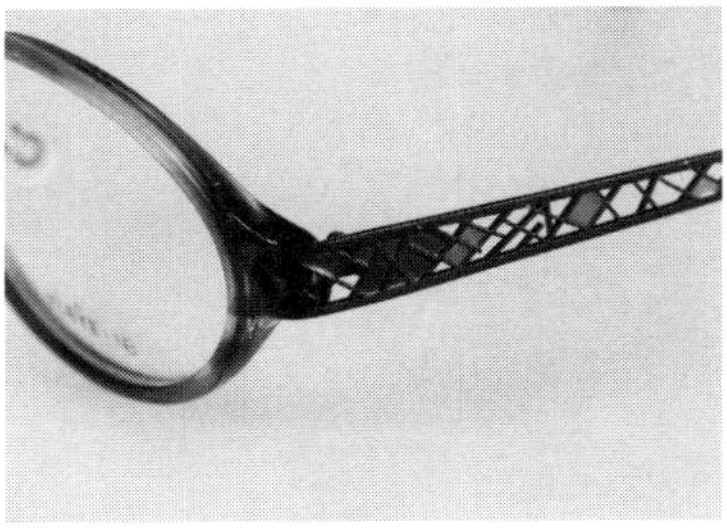

デザイン性のあるテンプルが個性的。
FLEYE ｜ rb

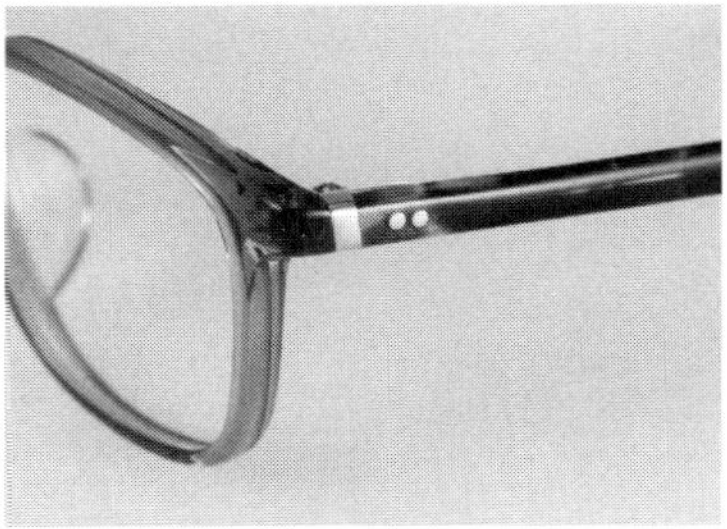

色の組み合わせの違いで印象に変化。
YELLOWS PLUS

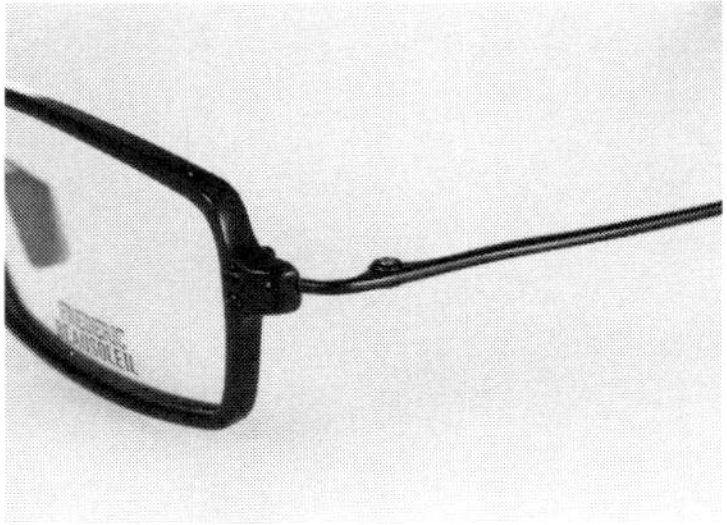

メタルにすることで落ち着いた印象。
FREDERIC BEAUSOLEIL

こんな仕事をしている私が言うのも妙ですが、「似合う」とは主観なので、正解はひとつではありません。どれも正解であり、不正解はありません。その正解を決められるのは自分だけ。チェックポイントを意識して、いろいろな眼鏡をかけて「自分が好きなものって何だろう」と考えることからはじめましょう。

質のいいものを買いましょう

25歳以上の方なら、ぜひとも1本は質のいい眼鏡を使ってみてください。働いている大人世代なら、ちょっと頑張れば買える価格だと思います。

一部例外もありますが、眼鏡に関してはフレームもレンズも、値段と品質は比例しています。

それなりの値段の眼鏡ブランドのものは、やはりかけたときの佇まいが違います。一見同じように見えるものも、秀逸な細部のデザインや、職人によるきめ細やかな磨きなど、品質が圧倒的に優れているのです。

そのこだわりが、かけたときのあなたの魅力をぐんと格上げしてくれます。

レンズに関しては、同じレンズでも店によって値段が大きく違うことがあります。値段の違いはお客様にかける技術料だと思ってください。10分足らずで視力検査を終わらせる店と、30分、1時間かけてじっくりヒアリングしながら丁寧に視力検査をする店では、値段ももちろん違ってきます。

眼鏡が好きな人の中にも、「レンズは安いところで」と値段だけで選ぶ人もいますが、本当に値段だけで大丈夫なのかも考えたうえで選びましょう。

私は以前、値段が安いからと、レンズ加工をある眼鏡店にお願いしたところ、せっかくの美しいフレームが台無しになったことがあります。レンズの厚みを目立たせない工夫を施していなかったのと、加工技術が乏しかったため、レンズとフレームに隙間ができてしまったのです。

眼鏡は、レンズをフレームに入れるレンズ加工技術も重要です。ただレンズを入れるだけの加工ではなく、その眼鏡がきれいに見えるように、最善の加工を施してくれるところがあるのなら、多少高くても私はそちらをおすすめします。数千円の差が見た目に大きな差をもたらすこともあります。

自分に合う店と出会い、質のいい眼鏡を買う。それを大事にメンテナンスしながら5年、10年と使ってみる。すると、周りからの評価がアップする、疲れが軽減するなど、日常生活のいろいろな面にプラスの変化をもたらしてくれるはずです。

流行について

基本的に私は、いかにも〝流行り〟の眼鏡はあまりかけませんし、おすすめすることも少ないです。

眼鏡は洋服などと違い、ワンシーズンごとに買い替えるものではありません。もし1年で使えなくなったとしたら、なんとなく〝失敗した〟と思いますよね。数年間かけ続けることを考えると、やはり流行で選ぶより、自分らしい眼鏡のほうが長く愛せるものです。

ただし、流行を全く無視というのはNG。「流行りもの」に振り回されるのはのぞましくないけれど、流行の傾向には、少しだけアンテナを張ってほしい。実は、シンプルなフレームこそ流行の影響は強いのです。流行を知っているのと知らないのとでは大違い。長年、愛され続けている店は、変わらないために変わり続けているものです。

眼鏡も、それと同じだと私は思うのです。

支持される老舗のお店は、その時代時代に合わせて、何かしら変化し続けています。黒縁のスクエアの眼鏡を定番にしているのであれば、黒縁のスクエアというキーワードは変えずに、微妙にマイナーチェンジすればいい。

全く何も変わらずにいると、自分が気づかないうちに、時代遅れになっている可能性があります。


では、眼鏡の流行はどう意識したらいいのか？

簡単なのは、デザインではなく、レンズの上下幅をチェックすること。


毎年、海外で開催される眼鏡の展示会に行くと、そのシーズンの流行が見えますが、フレームのデザインはブランドによって、さまざま。

でも、シンプルなブランドも個性的なブランドも、レンズの上下幅や大きさだけは必ず意識して、新型を出しています。

この10年くらいは、世界的に上下幅広めが主流です。

もし、前に主流だった上下幅が狭いものをかけているなら、次は少し上下幅が広めのものを意識して試着してはいかがでしょう。

もちろん似合っていることが最優先なので、無理に上下幅が広めのものを買う必要はありませんが、少しトレンドも意識しないと、バブル時代のスーツのように違和感が出てしまうおそれもあります。

35歳以上なら、いずれ来る「老眼」を考えて、累進レンズが難なく入る上下幅が広めの眼鏡がおすすめです（累進レンズについてはSTEP5で詳しくお話しします）。

自分の眼鏡は、今はちょっと時代遅れになっていないか？　少し意識するだけでぐんとあなたの眼鏡姿は素敵になるはずです。

お金はどのくらいかけるべき？

「どんな眼鏡を買えばいい？」

もし、私の友人がそう質問してきて一言で答えるなら、「そこそこお金をかけたほうがいい」と言うでしょう。

近年、日本は安い眼鏡が主流になっていますが、洋服や食品と同じように、安いものと高いものの間には大きな差があります。

安いものであれ高いものであれ、その品に満足できるかできないかは、本人次第。ただかけられればいいと思う人と、快適なものをかけたいと思う人でも、求めるものは異なります。

結局は、自分が納得してお金を払えるかだと私は思っています。

あくまで参考として、私が考える眼鏡フレームの価格基準をお話しします。フレームのみで3万円というのが境界線になっていると個人的には思います。

1万円台後半から3万円未満は、ブランドによっては品質も悪くはないのですが、トレンド感のあるデザインが多いので、5年10年使えるかというと正直難しいと思います。もしくはデザインはいいけど、品質がそれほど良くないものが多いです。

3万円以上になると、品質もデザインも考えられているものが増えてきます。フレームのみで5万円台だと、選択肢がぐんと増えますし、人から褒められるフレームもたくさんあります。

10万円以上のフレームは私も数本使用していますが、やっぱりレベルがぐんと上がります。品の良さが漂い、使い心地の快適さも違います。

ゴールド、プラチナ、本物のべっ甲などの素材は高額ですが、街を歩いているだけでもその美しさは際立ちます。

ちなみに、ノーベル医学生理学賞を受賞された大村智博士のゴールドフレーム姿が、私は大好きです。質の良さが、テレビ画面からでもわかる眼鏡です。重厚感がありながら、派手すぎないそのバランスがとても素敵。

眼鏡で10万円なんて高い！　と感じるかもしれませんが、スーツ、靴、鞄、アクセサリー、時計などで、そのくらいの買い物をしていることも多いはず。眼鏡も他のものと同じで、高いものはその金額なりの価値があるものです。

まずは、買わなくてもいいので、「本当にいい眼鏡」を実際に見て、かけてみてください。その値段の価値を肌で感じることは、実際には買えなくても、眼鏡選びの肥やしになります。

お金をかけると何がお得？

❶ 受けられる接客・サービスが違う

わからないことだらけの眼鏡。快適で自分に似合う眼鏡を見つけるために必要となってくるのは、店員の知識と技術。これなしではいい眼鏡は絶対作れません。

一人一人に向き合い、生活スタイルや環境など、要望を聞きながら、きちんとアドバイスしてくれる店員さんの接客を受けてこそ、いい眼鏡を作ることができる。

手頃な価格で提供しているお店は、一人に店員が1時間接客なんてしたくてもできない状況です。

品質の良い商品を販売している店には、それを販売するための技術や知識を持っている店員さんがいます。フレーム選び、視力検査、フィッティングにおいても、お客様が快適に過ごせる眼鏡を提案してくれます。

その結果、眼鏡をかけることが楽になり、肩こり、頭痛で整体やマッサージ店に通う回数がぐんと減ることもあるのです。

❷ 商品の品質とバリエーション

価格の違いは商品の品質に大きな差をもたらします。

一見同じデザインに見えるものでも、フィッティングができるかできないかが変わってくる。素材や作りの違いにより、快適な眼鏡になるかどうかも差が出ます。

昔「眼鏡を買ったけど、前と同じ度数なのに気持ちが悪くて……」と友人から相談がありました。それは明らかに前傾角（51ページ参照）が原因なのですが、その眼鏡の素材自体が微調整できないものでした。そのため、その問題点がわかっていても、何もしてあげることができませんでした。

問題がフレームなので、その眼鏡は使わずに置いておくしかありません。安物買いの銭失いとはまさにこういうこと。

人の顔は十人十色。それぞれの顔に合わせてフィッティングできる眼鏡を選ぶことが必要となってきます。

眼鏡の価格には、その技術力も含まれていることを理解して、本当に信頼できるお店を選ぶようにしてください。

大事なのはアフターケア

買ったら買いっぱなしという方がたくさんいますが、眼鏡はアフターケアなしでは眼鏡としての価値がないといっていいほど。基本中の基本です。

車の車検が重要なように、眼鏡もメンテナンスは重要。定期的な再フィッティング、修理など、眼鏡の価格はアフターケア込みなので、メンテナンスをしないと逆に損をしてしまいます。

では具体的に一般の眼鏡店で受けられるアフターケアをQ&A形式でご紹介しましょう。

Q 最近、見えづらさを感じています。目が悪くなったのでしょうか？

A レンズが汚れてはいませんか？　まずはお店に行きクリーニングをしてもらいましょう。それで解消されることもあります。体調によって視力も変化するので、すぐにレンズ交換と考えず、まずは店員さんに相談してみてください。

Q お尻で眼鏡を踏んで壊してしまったんですが、直りますか？

A 店員さんは魔法の手を持っています。「これは無理だろう」と思うものでも、使える状態に復活させてくれることもあります。諦めずにお店へ持って行きましょう。修理する前に「修理過程で折れる可能性がありますが、ご了承いただけますか？」と確認されます。修理できる可能性があるなら、お願いしてみましょう。

Q お気に入りのプラスティックフレームが白く粉吹いたようになっています。どうにかなりますか？

A 素材や劣化状況にもよりますが、磨きなおしをすることも可能です。お店によって対応できないこともあるので、ご確認を。安価な眼鏡はできませんのでご了承ください。

Q 急にネジが取れて、困っています。購入していないお店でも修理可能ですか？

A 基本的には修理可能です。ネジが特殊なものでなければ短時間で完了。テンプルの開閉がゆるくなってきたら、こまめに眼鏡店に行きネジを締めてもらうと、急なネジ取れを予防できますよ。

Q フィッティングってどのくらいの頻度で行くものですか？

A 鼻の部分が重く感じる、気づくと下がっている、痛いなどの違和感があったら、再フィッティングのサイン。最低半年に一回はお店に行きメンテナンスをしてもらうと、いつも快適に眼鏡をかけられます。こまめなメンテナンスは劣化防止にもなるので、「元気？」と挨拶感覚でお店に遊びに行ってください。店員さんはメンテナンスだけの来店でも大歓迎です。

Q レンズを拭いても、油膜がついたようになって綺麗になりません。

A レンズのコーティングが剝がれた可能性が高いです。残念ながらレンズを交換するしか方法はありません。コーティングが剝げた状況で使用すると、見えづらさや疲れの原因になることもあります。すぐに交換しましょう。レンズは熱に弱いです。お湯で洗った、かけたまま風呂に入った、車に置きっぱなしにしたか、長年の使用による劣化が原因しています。

Q 以前使っていた眼鏡がいくつかあるのですが、もったいなくて捨てられません。どうにかなりませんか？

A

デザインが好きなのに度数が合わなくなってしまったなら、レンズ交換して使えるように復活させましょう。デザインが飽きてしまったものは、カラーレンズを入れてサングラスにするのはどうでしょう？　イマイチだと思っていたその眼鏡も、全く別の印象になることもあります。メタルフレームだったら、色を変えてみては？　シルバーのフレームを赤に塗りなおすことも可能です。新しい眼鏡として生まれ変わります。劣化してボロボロなものでなければ、一度使わなくなった眼鏡をお店に持参して、店員さんにアドバイスをもらってみてはいかがでしょう？

眼鏡はコスパがいい

「眼鏡は高い」と思われがちですが、実は眼鏡はとてもお得なのです。

レンズの種類にもよりますが、コンタクトレンズはランニングコストが1年間で、3万円から6万円くらいかかります。また、目が乾くので目薬などのケア用品が必要となり、さらに費用がかさむのです。

そう考えると、1年間で眼鏡が1本買える計算になります。

同じ視力矯正の道具と考えると、眼鏡が高いわけではない。しかも眼鏡は1年で使えなくなることはほとんどありません。

大事に扱えば5年10年は使えます。しかも目にも負担をかけないから、目の状態も良くなります。目が乾いて常に目薬をさす必要もなくなります。

コンタクトをやめて、眼鏡をかけよう！　と言いたいわけではありません。うまくコンタクトと眼鏡を両立させると、ランニングコストも目の状態もとても良くなるので、結果的に得をするのです。

たとえばヘアカット代は、一回３０００～７０００円ぐらい。カラーリングやパーマなども含めると、年間でかなりの金額を使っていますよね。

それなのに、同じ顔周りにある眼鏡に無頓着なのは、とてももったいない。

眼鏡は、美容室、エステ、マッサージと同じように、お金を払う意味、価値があることは知ってほしいと思います。

「眼鏡は高い」なんて言わず、コンタクトの1年のランニングコストと同じぐらい、５万円ぐらいはかける意識を持ちましょう。

手頃な価格の眼鏡との付き合い方

「眼鏡にはお金をかけましょう」と言っている私も、低価格の眼鏡を否定しているわけではありません。

ユーザーが昔よりも手頃な価格で手に入れられるようになったことで、眼鏡を購入しやすくなったのは確かです。

金銭的な余裕がない人でも、見えない状況を放置せず、眼鏡をかけられることはとてもありがたいことです。

洋服にしても、ファストファッションも着れば、ブランドものも着ますよね。

眼鏡も同じように、上手に使い分けて、付き合ってほしいと思っています。サブの眼鏡として、手頃な眼鏡をうまく使用するというのは、私も大賛成です。

ネットで眼鏡は絶対買ってはダメ

夜中にポチり、次の日にはその商品が自宅に届く。今では当たり前になったネット通販。近年はめまぐるしく、生活スタイルが変化しています。

でも、眼鏡は絶対にネット通販で買わないでください。

その理由は、眼鏡は医療器具だから。買う側に眼鏡の知識がないまま決めたり、見た目

便利なネットショッピングも、眼鏡に関しては注意が必要。

だけの判断で決めたりするのは、本当に危険です。

それが伊達眼鏡であっても私はおすすめしません。

眼鏡やサングラスは伊達でも視力矯正器具としても、その人の顔にきちんとフィッティングをして、やっと完成型です。

ネットで買ったものを眼鏡店に持参してフィッティングしてもらえばいいのでは？　と思う人もいるでしょう。確かにそれでフィッティング問題は解決するかもしれません。

でも、その眼鏡の素材がフィッティング可能なのか？　自分の矯正視力を考えると入れたいレンズに対応できるのか？　そういう判断ができる人はほとんどいないでしょう。

有名ブランドの商品を注文したのに「偽物」をつかまされることも。事実、そんな話はよく聞きます。一般の方だとそれが本物なのか偽物なのかもわからない。ロゴマークさえ入っていれば、本物だと思ってしまうかもしれません。数万円支払ったフレームも、実は中国では数千円で販売されているものだったりするのです。

お店で店員とあれでもないこれでもないと選ぶことで、自分が考えていなかった眼鏡と出会えるからこそ楽しいのです。事実、私が一緒に選んだお客様の9割以上が「自分では手に取らない眼鏡だったので、すすめてもらってよかった」とおっしゃっています。眼鏡選びの鍵は、選ぶ過程も楽しむこと。そんな重要な時間を省くなんてもったいない。

接客されることは、新しい世界に出会うきっかけでもあります。ぜひ、眼鏡店に足を運んで似合う眼鏡を見つけてください。

ここまで読んでいただき「実際にどんな眼鏡をかければいいのかわからない」と感じている方も多くいらっしゃるでしょう。

そんなみなさんのために、次のページから実際の眼鏡をご紹介します。眼鏡を選ぶときのポイントを中心に紹介していますので、参考にしてください。

ページ数の関係で、今回残念ながら紹介できなかったブランドも多数あります。巻末に掲載しているブランドのＨＰや取り扱い店をぜひチェックしてお店に足を運んでください。その他の素敵なブランドにも出会えるはずです。

LUXURY

一生使い続けたいワンランク上の眼鏡

HOET ALAIN Col.BS

HERRLICHT HL17 Col.WS

LUCAS de STAËL STRATUS 01 Col.04

PLASTIC

眼鏡の存在感を出しつつ雰囲気を作る

フロントとリムの素材が異なる。フレームに厚みがある。

JAPONISM JP-021 Col.01

立体感のあるリム。さりげなく見えるクリアのラインもポイント。

REIZ GERMANY KATZE Col.97

クリア感のある独特な色で定番の形も印象に差が出る。

STEADY 145 Col.4

かけ心地を追求した、セミオーダーフレーム。

EMRiM RM02 Col.hunter green

クラシックの定番で
渋さと個性を演出。
鼻パッドがシェル
（貝殻）。

BJ CLASSIC S831 Col.3

ツートーンカラーと
マットな仕上げで存在
感のある佇まいに。

ROBERT MARC 863 Col.300M

形は定番だが、独特
の色と丸みのある仕
上げ、磨きの綺麗さ
で存在感を出す。

TURNING T-168 Col.04

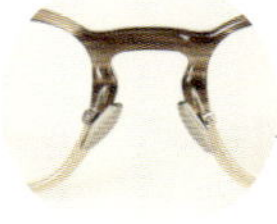

肌になじむグラデーションカ
ラー。テンプルをメタルにす
ることでシャープさをプラス。

ACTIVIST EYEWEAR ROBESON Col.2

METAL

眼鏡で主張せず雰囲気を作る

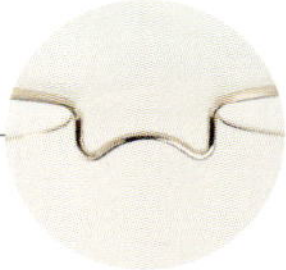

よく見ると個性的なレンズシェイプ。鼻の部分の一山はクラシックの定番。

Z-parts Z-115 Col.G

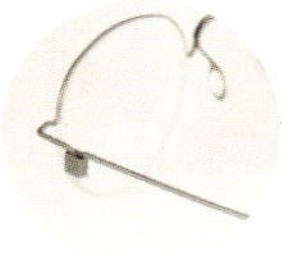

最小限までそぎ落とされたデザインが、逆に見る人の印象に残る。

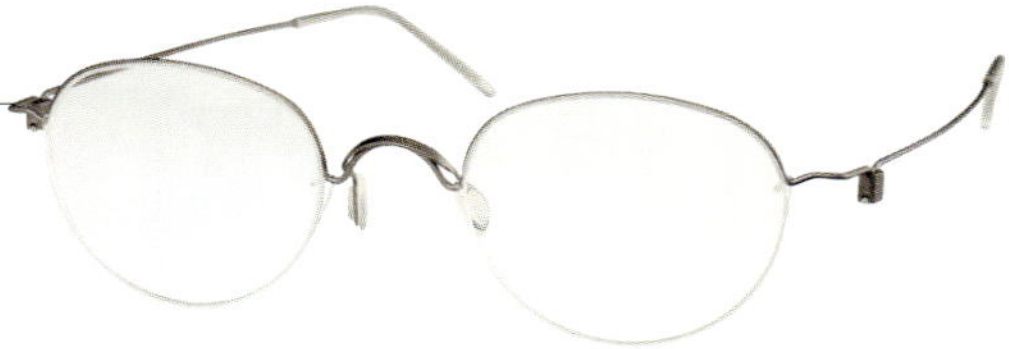

Markus T D2 065 Col.115

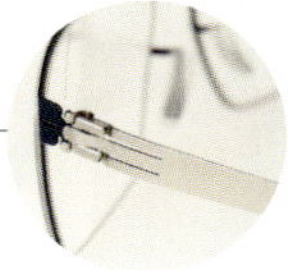

フロントとテンプルの色を変えて、さりげなくおしゃれ。独自のヒンジにも注目。

ic! berlin SVEN H. Col.MARINE BLUE/PEARL

深みのあるブルーだが、形が定番なので使いやすい。裏の黒が落ち着いた印象に。

THEO mille+22 Col.336

1920年代のメタルフレームを彷彿とさせるデザイン。見る角度で印象が変わる。

OLIVER PEOPLES FRYMAN Col.AG

全体はマット仕上げで、アウトラインにだけ磨きをかけている。細部までこだわった逸品。

MASUNAGA since 1905 VAN ALEN Col.49

フロントが３つのレイヤーになっている。定番のレンズシェイプなので、主張しすぎない

J.F.Rey JF2617 Col.0013

テンプルのディテールと色にこだわり。横顔に存在感が生まれる。

FREDERIC BEAUSOLEIL STRM5 Col.GUN

LADIES

アクセサリー感覚で身に纏おう

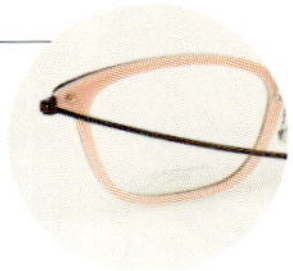

裏が肌映りのいいピンク。テンプルの細さが華奢さと落ち着いた雰囲気を演出。

OLIVER PEOPLES COLLINA Col.OPTI

ブルーもまた、肌映りをよくする色。クリア感があるので肌なじみがいい。

FLEYE | rb STEEL GRASS Col.131

フロントはリムが細く、横はリムが太い。角度によって印象が変わる。

TonySame TS-10506 Col.187

ダークなカラーにポイントカラーをプラスすることで優しさが生まれる。

OPORP GINA Col.3

馴染みのいいピンクは優しさと個性のバランスがいい。テンプルの色にも注目。

FREDERIC BEAUSOLEIL 453 Col.687

大きめのレンズシェイプのメタルにプラスティックを合わせておしゃれ感がアップ。

MASUNAGA since 1905 COCO Col.49

定番の黒はリムを細くすることで、きつくならず女性らしいシャープさになる。

Lunor A5 232 Col.01matte

黒とゴールドの組み合わせは色気を感じさせる。リムが細いメタルは少し個性を出すとGOOD。

YUICHI TOYAMA UFO-065 Col.2

PERSONALITY

主張する眼鏡込みでキャラクターにする

渋さと個性が際立つヴィンテージフレームの復刻版。

LESCA LUNETIER GASTON Col.8

リムが太い黒縁は顔の印象を一瞬で変える。

EFFECTOR fuzz Col.BKG

左右非対称の個性的なデザインもシルバー＆ゴールドなら主張しすぎない。

MASAHIRO MARUYAMA MM-0014 Col.2

角度によって印象が変わる、計算されたデザインフレームは周囲を楽しませる。

THEO JAMES5 Col.323

STEP 4

人生を変える
眼鏡選び
買い物編

眼鏡店に持っていくもの

さあ、いよいよ運命の眼鏡を探しに店に行くときがきました。
その前に、もう一度確認しておきましょう。

事前のチェック

❶ 眼鏡はいつ使う？（毎日、仕事のとき、コンタクトをはずしたときなど）
❷ 人からどう見られたい？（頼りがいがある、優しい、若いなど）
❸ 過去の眼鏡で失敗したことは？（なんとなく買った、重すぎた、流行を意識しすぎたなど）

わざわざこの3項目を店員さんに伝える必要はありませんが、自分自身で意識していれば、運命の眼鏡に出会う確率は格段に上がります。

次はお店に持参するものです。

❶ 自分の眼鏡

必ず用意してほしいのは、今、もしくは過去に使っていた自分の眼鏡。過去の眼鏡は、眼鏡のデザインを選ぶときだけでなく、視力検査の参考にもなります。前の眼鏡の矯正度数がわかるとより違和感の少ない眼鏡を作製しやすいのです。ずっと昔のものでも、ボロボロでも、とにかく持参してください。

❷ 自分らしいアイテム

自分の普段の生活にマッチするか見極めるために必要です。もし、会社にしていく眼鏡を選ぶなら、カジュアルな私服ではなく、通勤着のジャケットなどを持参しましょう。ちょっと面倒ですが、そのほうが失敗しないはず。帽子やストールなどのファッションアイテムをよく使うなら、それも持参すると、自分らしい眼鏡が判断しやすいです。

いい眼鏡を作ろうとしたら数時間かかるのは当たり前。ちゃんと時間の余裕を持って出かけましょう。

また、寝不足や体調が悪いときは視力が変化する場合があるので、視力検査をする前日は、しっかり睡眠をとって、万全の体調で!

コンタクトレンズで行くか眼鏡で行くか問題

コンタクトレンズの人が眼鏡を作るときは、眼鏡で行くべきか? コンタクトレンズで行くべきか? 迷いますよね。

これは、コンタクトレンズをはずしてすぐは、本来の度数と変わっていることがあるので、前日から眼鏡をかけておいて、眼鏡で行くのがベスト。特にハードの場合は数日開けたほうがいいかもしれません。

眼鏡を持っていない人は、コンタクトレンズでも大丈夫です。その場合、お店でコンタクトレンズをはずし、少し時間をおいてから視力検査をするお店が多いので、時間に余裕を持って来店しましょう。

コンタクトレンズと眼鏡を併用しているなら、まずは眼鏡で行き、簡単に眼鏡を試着。数本の候補にしぼったら、そこで視力検査をしてもらう。それからコンタクトレンズをつけて、全身鏡などを見ながら、最後の決定をすればいいでしょう。

お店によっては、初めに視力検査をして視力を把握してからフレームを選ぶところや、逆に検査は必ず最後というところもあるので、そこは眼鏡店に従ってください。

さあ、いよいよ人生を変える眼鏡選びです。

ＳＴＥＰ３でじっくり鏡を見て、自分の顔の特徴を意識したと思います。

ここで少し「顔の特徴別眼鏡選びのポイント」をお話ししましょう。紹介しているのは、「丸顔にはこの形」「目の形、眉毛の形に合わせて選ぶとよい」「レンズの大きさは顔の１／３だとバランスがよい」といった、日本でよく聞く眼鏡選びの法則（セオリー）とは異なります。

顔の特徴別・選び方のポイント

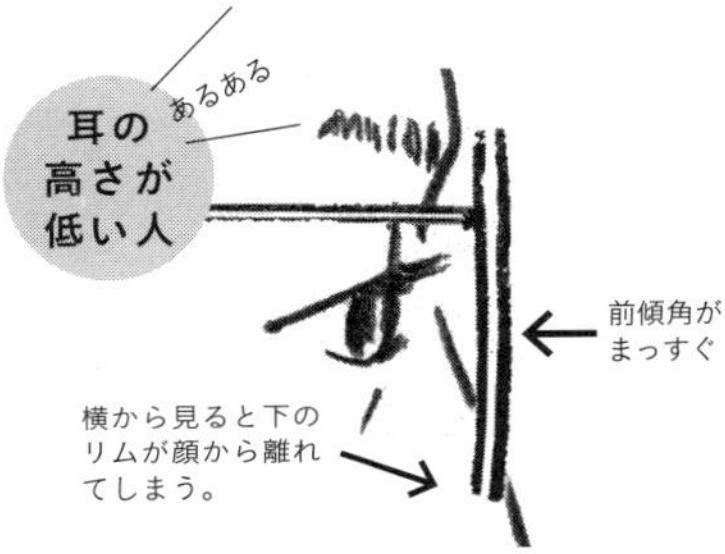
耳の高さが低い人
あるある
前傾角がまっすぐ
横から見ると下のリムが顔から離れてしまう。

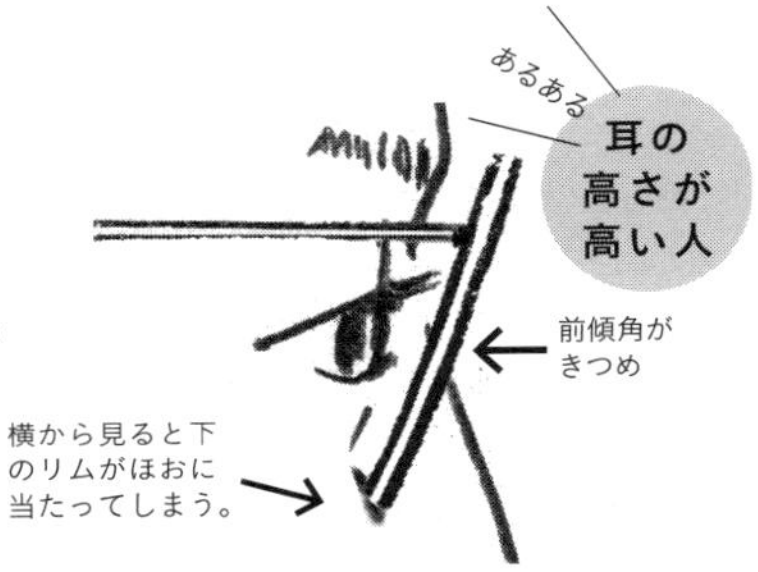
あるある
耳の高さが高い人
前傾角がきつめ
横から見ると下のリムがほおに当たってしまう。

前傾角(フロントの角度)が違うだけで、見た目も(度付き眼鏡なら)見え方も変わるので、試着の際意識しましょう。

CHECK!!

「前傾角が変更できますか？」と、店員さんに確認しましょう。

POINT 試着のコツ

上のように下リムが顔から離れていたら、耳から浮かせてかけてみてください。傾斜角度が変わるので、最終フィッティングした後の印象をチェックできます。

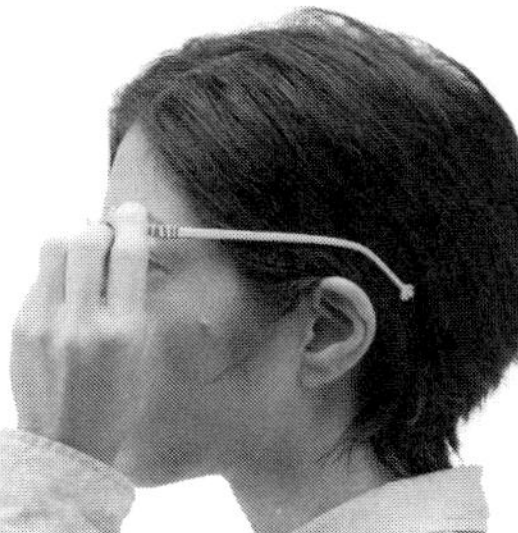

POINT 試着のコツ

上のように前傾角がきつくなっていたら、テンプルを耳の上にかけてみてください。傾斜角度が変わるので、最終フィッティングした後の印象をチェックできます。

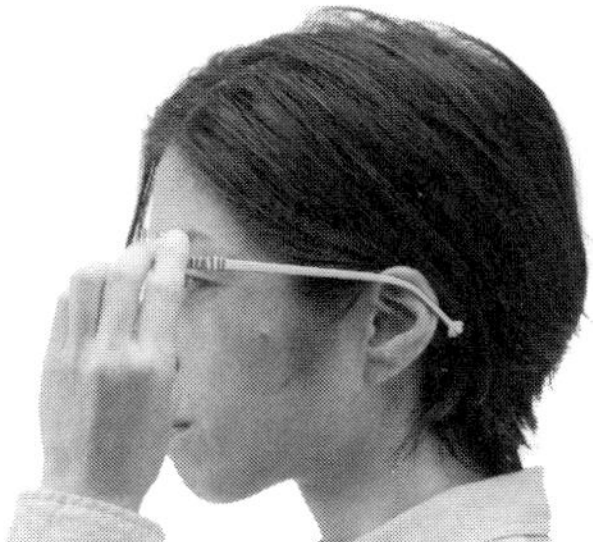

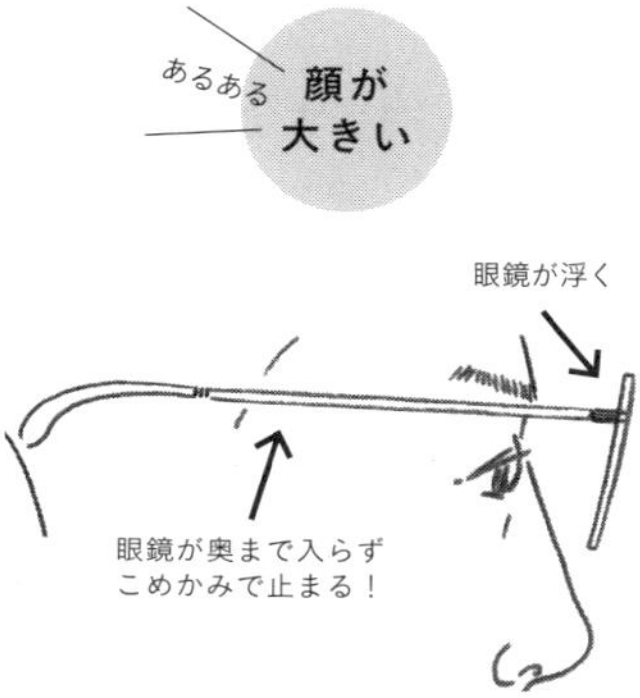

あるある
顔が大きい

あるある
顔が小さい

試着の段階で入らないからと諦めないでください。

レンズと目の位置のバランスが悪いものを選んではダメ。

CHECK!!

ほとんどの眼鏡がフィッティングで幅を変えられるので、こめかみにテンプルが食い込んでいても、あきらめなくて大丈夫！　店員さんに確認しましょう。

CHECK!!

- **鼻幅の狭いものを選ぶ。**
- **レンズの横幅の中心に瞳がくるものを選ぶ。**

POINT1　自分に合うサイズ感をつかもう

店内に並んでいる眼鏡を見て自分に合うサイズを試着しましょう。

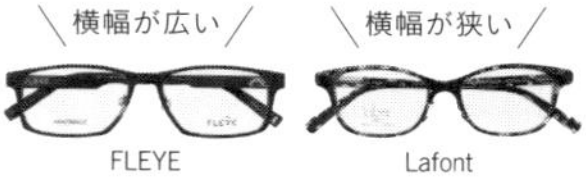

POINT2　「錯覚眼鏡」を選ぼう

多少バランスが合っていなくても、色が薄いと気にならないことがあります。フチなしやブロウフレーム、リムが細いものも同じ効果があります。

POINT3　新しい選択肢

サングラスとして販売されているものをクリアレンズに替えて眼鏡にするのもおすすめ。バランスが合うものを店員さんにアドバイスをもらいながら探しましょう。

POINT3　新しい選択肢

キッズフレームも選択肢に。最近はデザインも大人と変わらないものも多く、大人も使えます。欧米ブランドは比較的横幅が狭いものが多いのでおすすめ。

フレームと目の距離が離れすぎる。横から見ると眉毛がレンズの中に入ってしまうことも。

どれをかけても鼻にかからずズルズル。レンズにまつ毛が当たる。

見た目も見え方も変わるから、「なんとなく」で買わないで！

鼻が合わない、まつ毛が当たる眼鏡でも、候補からはずさないで！

CHECK!!

鼻が高い人はかけ具合が合ってないことに無自覚な人も多い。試着の際は眼鏡と目の位置や眼鏡と目の距離（50ページ参照）を意識しましょう。

POINT1　試着のコツ

欧米のブランドのものを中心に試着すると、そのままでも違和感なくかけやすい。鼻の部分が広いものや、鼻盛りの高さが低いものを意識してチェック。

POINT2　鼻盛りをカスタマイズ

金属のクリングス（鼻の部分のパーツ）ならフィッティングは可能。プラスティックの場合はそのままかけて距離も位置も合うものを購入すべき。もし合わないけれどデザインが好きで欲しいなら、パーツ交換や鼻盛り部分を少し削ることもできる。お店によるので要確認。

CHECK!!

- **鼻の部分は形状を変えることができます。（40ページ参照）**
- **「鼻に当たる部分は変更できるか？」と聞きましょう。**

POINT1　試着のコツ

もし変更可能なら、試着の時は端を手に持って、基本のかけ方（40ページ）を参考にして位置を合わせましょう。

POINT2　簡易パーツで対応

鼻の形状は変更できないけれど、デザインが気に入ってどうしても欲しい。今かけている眼鏡で鼻が合っていない。そんな時、プラスティック素材の眼鏡ならシリコン製の簡易鼻盛り「セルシール」を使うと便利。ただし、耐久性は低いので頻繁に交換が必要。価格300〜600円程度。

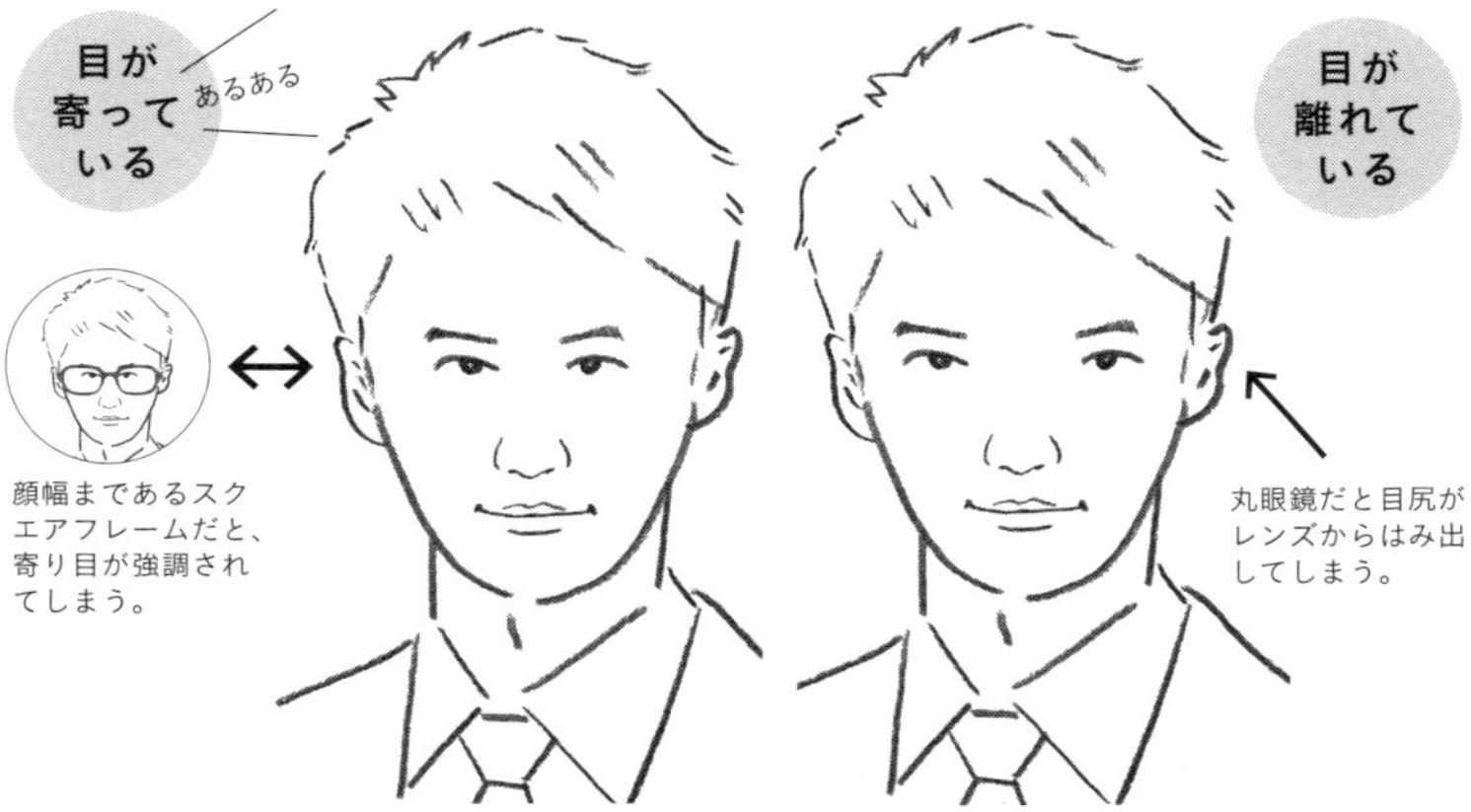

目が寄っている
あるある
目が離れている
顔幅まであるスクエアフレームだと、寄り目が強調されてしまう。
丸眼鏡だと目尻がレンズからはみ出してしまう。

STOP

レンズと目の位置のバランスが悪いものを選んではダメ

CHECK!!

PD(目と目の間)が狭い人は、ブリッジ幅の狭いものを選んでかけて、レンズ横幅の中心に目がきているかを確認しましょう。

CHECK!!

PD(目と目の間)が広い人は、ブリッジ幅の広いものを選んでかけて、レンズ横幅の中心に目がきているかを確認しましょう。

POINT1 「錯覚眼鏡」を選ぼう

同じサイズの眼鏡でも、色が薄いと多少バランスが合ってなくても気にならないことがあります。黒よりもグレーのようにワントーン明るくなるものや、透明感のあるものを試着してみてください。また、フチなしやリムが上だけのブロウフレーム、リムが細いものも同じ錯覚効果があります。

POINT2 フレームの端に注目

レンズの幅は狭いけれど、フレームの端にデザインがあり横幅は広いフレームがおすすめ。

ここ

POINT2 顔の幅とレンズの幅に注目

スクエアの場合、レンズ幅が顔幅と同じデザインを選びましょう。丸眼鏡の場合はレンズが小さいものよりは少し大きめがおすすめ。

眼鏡店に入ったら

・店員と積極的に話をしましょう

眼鏡店に入ったら、とにかく店員さんに接客してもらいましょう。

眼鏡慣れしていない人が、１０００本以上もある中から素敵な一本を探し出すなんて、藁の中から針を探すようなもの。

店員さんから話しかけられたら、ラッキー！　接客を受けないのはもったいないことです。逆に声をかけてこないお店は要注意。接客スキルが乏しい可能性があります。

似合うかどうかだけでなく「これだけの金額を出す価値は？」「これとこれの値段が違うのはなぜ？」など値段の面でもわからないことは、やっぱりプロに聞きたいですよね。どんなに接客されるのが苦手でも、損をしたくないなら、接客を受けてください。

眼鏡の場合、ファッション感覚として捉えがちなので、自分で選びたくなるかもしれませんが、種類も質もたくさんあり、選ぶのは難しいものです。

たとえ新人の店員さんでも、店内の眼鏡についてはあなたより詳しいはずです。眼鏡は雑貨などとは違い、医療器具。視力検査、レンズ選び、フィッティングなど、結局は接客されないと買えないものです。だったら、初めから店員さんとコミュニケーションを取り、眼鏡探しのお手伝いをしてもらったほうがいいはず。

接客を受けることで、自然に眼鏡の知識も教えてもらえるので、勉強にもなりますよ。接客されても気に入ったものがなければ、買わなくていいです。あまり深く考えずに店員さんとの会話を楽しんでください。

ここでひとつ注意してほしいことがあります。

何かものを買うとき、ネットや雑誌で情報を収集してそれを参考にするのはいいことですが、実のところ、その情報すべてが正確とは限りません。

あまり頭でっかちになって眼鏡選びをすると、逆に先入観がありすぎて、似合う眼鏡を選びづらいこともあります。

なので、下調べはいいことですが、情報を鵜呑みにして「コレ」と決めつけずに、店員さんのアドバイスを柔軟に受け入れるなどの余裕があったほうが、眼鏡とのいい出会いがあるかもしれません。

・いいお客であれ！

私が眼鏡店で働いていたとき、接客嫌いと思われるお客様もよくいらっしゃいました。話しかけても目を合わせず、ずっと無言。私の存在、見えていないの？　と悲しくなるくらい完全無視のお客様も……。

わかりますよ。接客が苦手な気持ち。私も実は接客されるのは好きではないので非常によくわかります。

ただし、もしあなたが眼鏡を買うときに得をしたいなら、ここは我慢してでもいいお客を演じてみてはいかがでしょうか？

お客様がとってもフレンドリーに接してくれたら、店員さんはこの人のために何かしてあげたい！　という感情が自然に生まれるものです。

でも、話しかけても無視されたり、すべて「ない！　ない！」と否定的な言葉だったりすると、店員さんの気持ちもポキッと折れてしまうもの。

心地よい接客を受けたいのであれば、いいお客でいようという意識を持ってみてください。そうすると、店頭に並んでいない、とっておきのフレームが奥から出てきたり、少しおまけしますね、なんて得することがあるかもしれません。

買い物は、お客と店員のお互いが、楽しく心地いい時間を過ごせるのが一番。得したいなら、あえて「いいお客」を演じてみてはいかがでしょうか？

・おすすめの5本

自分で選ぶのが難しそうなら、店員さんに自分の希望を伝えて、おすすめの眼鏡を提案してもらいましょう。それを見ながら「これは好き」「これはイマイチ」など、店員さんに意見を伝えてください。ディスカッションが大事です。

すすめられた眼鏡がイマイチと感じても、5本ぐらいまでは接客を受け続けましょう。かけていきなり「なし」はもったいないですよ。

まだよく知らない、わからないだけで、「なし」とすぐに決めつけてしまうと、似合う眼鏡に出会う確率を下げてしまいます。1本目にかけたときは「似合わない」と抵抗感を感じていた眼鏡を、最終的に購入する方は多いです。いろんな眼鏡をかけて眼鏡姿の自分に慣れてきたら、似合う眼鏡、似合わない眼鏡の違いがわかってくるからでしょう。

まずは顔が変わるのを楽しみましょう。そして、その店員さんの話に耳を傾けましょう。

5本かけても、どうしてもこの店員さんと感性が合わないなと思ったら、「ちょっと他を見てもいいですか?」と自分で選んでもいいでしょう。

店はいいけれど店員さんとの相性が悪いと感じた場合は、正直に「他の店員さんの意見も聞いてみたいのですが」と言ってみましょう。

相性はとても大事。そこは店員さんに気をつかう必要はありません。

・全身鏡でチェック

眼鏡選びで重要なのは鏡を見ること。

それも、顔だけではなく、必ず全身鏡でチェックするようにしましょう。見た目の印象がかなり違ってきます。

もし、全身鏡のない店だったら、そこは意識が低い店と思っていいかもしれません。

鏡を見るときは、横からのチェックも忘れないように。わざわざ合わせ鏡までする必要はありませんが、ちょっと顔を左右に向けてチェックしてみてください。真正面とはまた印象が変わってきます。

そのときは、STEP3でお伝えした、〈眼鏡のチェックポイント〉（117～118ページ）を思い出してみてください。リムの太さ、フロントとテンプルの素材や太さなどを意識してみると、自分の好き嫌いが明確にわかってくるものです。

・別人の自分にわくわく

眼鏡慣れしていないと、眼鏡姿の自分に抵抗感いっぱいになるもの。そんなときは、眼鏡選びからいったん離れて、眼鏡で顔の印象が変わることをゲーム感覚で楽しみましょう。

とにかくポジティブに！

試着は無料です。せっかくの機会ですから、いろんなものをかけてみましょう。

私は、眼鏡が苦手なお客様には「女優っぽい眼鏡」「10歳上に見える眼鏡」「意地悪そうになる眼鏡」など、あえてお題を出し合って、眼鏡で遊んだりして、眼鏡姿に慣れてもらうようにすることがあります。

もちろんその方の性格にもよりますが、自分に似合う眼鏡を選ばなくてはというプレッシャーがなくなるだけで、楽しんでもらえます。

似合っていなくても「この眼鏡軽い！　素材はなんですか？」「この部分変わっていますね」など、眼鏡自体に興味を感じると楽しいもの。

店員さんのブランド説明や、なぜこれを選んだかなど、関心を持って聞くと、眼鏡の勉強にもなります。

たまに、「これは赤です」「これは軽いです」と見ればわかることを言っているだけの店員さんがいますが、そんな店員さんは要注意。あまり眼鏡の知識や興味がなく販売している可能性大です。

「黒縁を探している」と言ったら、黒縁しかおすすめしない店員さんよりは、「グレーもかけてみませんか？　このフレームなら黒より似合うと思います」など、その人なりのプロの視点は、選択肢を広げてくれるはずです。そういう店員さんとのほうが、眼鏡探しは楽しくなります。

・「似合わない」眼鏡こそ、チャンス

私は「似合わない」と思ったものは、ハッキリと「似合わない」と言います。似合うだろうと思ってセレクトしたものも、似合わなかったら「ごめんなさい。これは違いましたね」と言うこともしばしば。

常連さんなどの場合は、自分でセレクトした眼鏡をかけて、離れたところから、私に「どう？」というアイコンタクトを送り、私はただ首を横に振って「それはない」と伝えることも。

もちろんこれは信頼関係が築かれているからできることですが、お客様のためにも、似合わないと思ったら遠慮せずに伝えるようにしています。

時々、「これは似合ってないですね」と言うと少し落ち込む方がいます。でも、「似合わ

ない＝自分がイケてない」ではないのです。

似合わないものは、その人自身に問題があるわけでなく、あくまで合わなかっただけ。就職試験や仕事のコンペと同じで、あなたが悪いわけでなく、この眼鏡とは合わなかっただけの話です。

眼鏡姿に自信がない人は、「似合わない」と言われると自分が否定されたような気になってしまいますが、それは取り越し苦労です。


それに、実は「似合わない」眼鏡こそ、チャンスです。

なぜ似合わないのかをよく観察して、店員さんにその理由を説明してもらいましょう。

もし、お気に入りのフレームがある人は、そのフレームと〝似合わないフレーム〟をかけ比べてみると、いろんな違いが見えてきます。

ぜひとも、似合わないものも積極的に楽しんでいきましょう。

・気になったフレームはキープ

いろいろかけていくと、なんとなく「これは好きかも」と思うフレームが出てくるはずです。そんなときは、元あった場所に戻さずに、キープさせてもらいましょう。元に戻すと、どこにそれがあったのかわからなくなりますから。

もしくは、5本10本と一気にかけて、後で気になるフレームを店員さんに伝えピックアップしてもらうのもいいでしょう。一本一本だと比べるものがなく、慣れていないと良し悪しがわからないですからね。

・選択眼鏡術

いろいろかけてもやっぱりよくわからないときは、「選択眼鏡術」をしてみませんか。黒縁と黒縁をかけても、何が違うかわからないのは当たり前。

では、黒縁と赤縁をかけてみるとどうでしょう？　もしくは、茶色の丸眼鏡と茶色の四角い眼鏡では？

こうやって対称的なものを比べ判断すると違いが明らか。どっちが好きか？の選択は難しくなくなります。

一本軸をつくり、これとこれだとどっち？　と選んでいくと、「このフレームが好きなんだ」と自分の好みの傾向が見えてきます。

別の方法としては、店員さんが似合うとおすすめした眼鏡があるとします。そのときに「このフレームに似ている他のものはありますか?」と聞いてみましょう。

そこで持ってきてくれたフレームをかけて、似合わないと感じたら、最初のフレームが自分に似合うのだと自信を持つことができるはずです。

・再度、選び直しをする

お気に入りの眼鏡が見つかったら、ピックアップしたものを一度全部集めて眺めてみましょう。

「四角いものが多い」「カラフルなのが多い」など、だいたいの人は、ここで自分の好みが見えてくるはずです。

自分の好みが見えてきたら、そのピックアップしたものを再度かけてみて、もう一度よく考えてみましょう。

3本くらいまでしぼったら、もう一度、店内をざっと見て回ります。そしてまた気になったものがあったら、追加しましょう。

なぜこの作業が必要かというと、一回整理して、自分の好みも把握した段階で選び直すと、今までとは違った視点が生まれるからです。数多くかけていくと、あなたの眼鏡レベルもぐんと上がるので、正確な判断ができるようになっているはずです。

・とにかくかけて無理やり選択

ある程度、欲しいものが決まってきたら、あとは自分との対話です。何度も候補の眼鏡をかけて、好きか嫌いかを判断して、無理やりでいいので選択していきましょう。

もし帽子をよくかぶる人なら、その帽子に合わせて確認しましょう。女性で髪が長いなら、耳にかけてみたり、前髪を横に流したり、まとめ髪にしてみたり、いろんな自分でも似合うかを考えて選択しましょう。

このときは店員さんと友人のように「これいい！」「これはちょっとシャープな印象」と言い合いながら選んでいくとより眼鏡選びが楽しくなると思いますよ。

可能であれば自然光のもとで鏡チェックをしてください。手鏡を持って、お店の外で確認してもいいでしょう。

眼鏡を長く使うためにも、いろんな状況を想定して、しっかり鏡チェックをしましょう。それだけで、後悔する確率をぐんと減らしてくれます。

・写真を撮る

鏡は反転して映っているので、実際の顔と少し違うことがあります。また、鏡で見るとどうしても顔全体よりは眼鏡中心で見てしまいがち。客観的に見るのはなかなか難しいものです。

そんなときは、眼鏡姿を写真に撮りましょう。写真だと平面になるので、嫌でも客観視ができます。

撮影するときはアップ気味で正面と横から撮影しましょう。なるべく明るい場所で撮影するのがベストです。もし暗めの店内だったら、スマホのライトなどで明るく照らしてもらいながら撮影するのも得策です。

・未来の自分を想像できる眼鏡

お客様が最後の一本を決めるとき、私はこんな話をよくします。

「この眼鏡は白シャツとチノパンを合わせるとカッコいいですね」
「これはいろんな人から話しかけられる機会が増えそうです」
「飽きたときに濃いグリーンのカラーレンズを入れてサングラスにすると、また違った印象で使えそうです」

眼鏡を買った後の心境の変化、着る服、髪型など、何かしらの生活変化を想像させるコメントです。

候補を見返して、この眼鏡をかけている自分はどう見えるだろう？　とちょっと引いた目で考えてみましょう。この眼鏡をかけたら幸せな気持ちになりますか？　ウキウキしますか？

「普通でいいんです」「別に眼鏡を変えたことなんて気づかれなくてもいい」という人もいるでしょう。でも、眼鏡に限らず、自分が幸せだと感じるものが身の回りにある生活は、心が豊かになります。

毎日身につけるものは、自分がこれから歩む未来に少なからず影響してくることは、頭に入れておいてください。

STEP 5

これだけは知っておきたい目のこと、眼鏡のこと

こんな行動、目の危険信号！！

POINT 3
眉間にシワをよせ、
距離を離して
本を読んで
いませんか？

POINT 4
眼鏡をはずして
新聞を読んで
いませんか？

あなたの目は大丈夫？

私は、電車に乗って前ページのような人を見かけるたびに、とても心配な気持ちになります。たまに、声をかけて「眼科で検査してください」とおせっかいを言いたくなることさえあります。

ここ数年私たちの生活は、スマートフォンの登場などで目を酷使するスタイルに変化しています。それによって、何かしらの目の不調を訴える人がかなり増えてきているようです。

本来、視力矯正器具である眼鏡やコンタクトレンズ。なのに、ここ15年ぐらいですっかり雑貨感覚で使用している人が増えたように感じます。

1dayのコンタクトレンズを1週間平気で使う。踏んで曲がった眼鏡もそのまま。ズルズル落ちている眼鏡。10年視力検査なしで使い続けている人。眼鏡は安くてもいいと思っている人……本当に心配です。みなさんは、ディスカウントする医者に診てもらいたいとは思わないでしょう。眼鏡やコンタクトを価格で選ぶのは、それと同じ危険性があるのです。

眼鏡やコンタクトレンズは医療器具。適当に使っていると健康に大きく影響してきます。ちゃんと意識して購入、使用してほしいと思います。

急増中「スマホ老眼」

最近増えつつあるのが「スマホ老眼」。これは小さいスマホ画面を近い距離で見る習慣が生んだ症状です。

水が入っているコップを1時間ずっと片手で持ち続けているとどうなりますか？　腕がプルプル震えてきませんか？

では、このコップを1時間楽に持ち上げておくにはどうしたらいいでしょうか？たまにコップを少し置くのです。そうすれば、1時間疲れずに持ち上げていられますよね。

目も筋肉でピント調節をしています。

特に近くを見るときは、この筋肉が酷使されている状態です。ずっとスマホを見ている

長時間近くを見続けることは、長時間コップを持ち続けることと似ている。

ということは、ずっと水の入ったコップを持っているのと同じ状況です。

腕の筋肉がプルプルするのと同じように、近くのものをずっと見続けると、目の筋肉にも同じような負担がかかっている。目が疲れる、ピントが合いにくい、目の下がプルプルする、かすむといった症状は筋肉痛のようなものなのです。

スマホのような小さい画面をずっと見ていると、ぐっと両目を寄せていなければならないので疲れがさらに倍増。両目を寄せることに疲れてしまうと、片方の目が寄せようとするのを放棄、気づかないうちに片目だけで見る癖がついてしまって、ひどい場合は斜視という症状になる危険性も。

コップをたまに置くと腕の筋肉の負担が軽減されるように、スマホやPCなど長時間近くのものを見るときは、ときどき強く瞬きをしたり、目線を遠くに外したり、スマホとの距離を変えたりするだけで、目の筋肉への負担もいくぶん軽減されます。

現代を生きる私たちにとって、スマホはとても身近な存在です。だからこそ、うまく付き合う方法を知り、体への悪影響を回避していきましょう。

子育てでもスマホはよく使われていますが、このスマホ老眼の症状は子供にも当てはまります。特に子供は集中力があるので、大人がうまく目の休憩をうながしてあげてください。子供の目を守れるのは周りの大人しかいないのですから。現代の生活スタイルは子供の目にとって危険なことばかり。本当に心配です。

「目がいいんです」と言う人が危険

「私は視力がいいから、眼鏡はいらない」

そう言っている友人たちの視力検査をしたら、8割ぐらいの人に何かしらの目の問題が見つかり、眼科に行ったり、眼鏡を作ったりしています。

ちょうど私の友人たちが40歳前後で、視力の調節力に変化が表れ始める時期だからというのもありますが、意外に多いことに私も驚きました。

あなたは大丈夫ですか？

日本では特に、遠くが見える人＝目がいい人というイメージがあります。それは学生時代の視力検査の影響かもしれませんが、実は２・０や０・０５というような馴染みのある裸眼視力はあまり重要ではありません。

それよりは、近視・遠視・乱視などの屈折異常や左右のバランスなどその人の目の特性が重要なのです。

一般の健康診断では、残念ながら目の特性の検査（屈折検査）はしてもらえません。実際、目に異常を抱えている私の友人は、高額な健康診断を受けたときに、目には異常なしと出たほどです。

せっかくの異常発見の機会も、通常の健康診断では、遠くがどれだけ見えているかを検査するだけの簡易テストだったようです。だから目の異常に気づかず、問題なしと報告されたのですね。

数年、数十年、まともに視力検査をしていない人は、すぐ眼科に行って検査してもらってください。

もしかしたら、見えないことで損をしているかもしれませんよ。


プロ野球、広島カープの松山竜平選手が、健康診断、運転免許更新時などの簡易視力検査では1・5だった裸眼視力が、きちんとした視力検査を受けたら0・6しかないことが判明。それをきっかけに正確な矯正度数の入った眼鏡をかけて試合に出場したところ、前年より打率が上がったそうです。これは視力と無関係とは思えませんよね。


ある画家の友人も、学生だったとき、いつもデッサンの絵がボヤッとしていることに美術部の先生が気づいて、「視力が悪いんじゃないのか?」と指摘してくれたそうです。そして近視であることが判明し、眼鏡を作ってからのデッサンは、それまでとは全く違って、シャープに仕上がったのだとか。

本人も、今まで見ていたものと全然違う見え方に驚いたといいます。

その人に正しく合った眼鏡は、仕事の効率を確実にアップさせるのです。

まずは自分の目の現状を知ってください。

私の公式HP「眼鏡予報」では、「目の無料相談ウェルカム‼」と言ってくれているお店を多数紹介しています。ぜひ、HPをチェックしてください。

眼鏡予報→http://glasses-o-o-brille.com

人生の半分は老眼

「人生の半分は老眼」と私が言うと、ほとんどの人が驚きます。

「老」という字が使われているからか、「老眼」という言葉になぜかとても抵抗がある。

年齢に関係なく「老眼ですね」と言われるとお客様がショックを受けるので、眼鏡店や眼科では「調節力が落ちていますね」「近くが見えづらくなっていますね」とやんわり伝えることもしばしば。

それだけ多くの人が「老眼」に直面すると、落ち込むのです。

でもみなさん、落ち込まなくても大丈夫！

調節力というのは、実は10歳ぐらいから少しずつ低下しているのです。

近くが見えづらい、ピントが合いづらいなどの症状が如実に表れてくるのは40代ぐらいから。

「近視の人は老眼にならない」「老眼鏡をかけると度数が一気に進む」というような都市伝説的な噂もありますが、それは全くの嘘。

一部例外はあるかもしれませんが、**ほとんどの人は30代後半から老眼の初期症状は始まるものです。**

「同級生の中で私だけ早かった！」「老眼になったと知られたら恥ずかしい」なんて悲観しないでください。あなただけでなく「よーい、ドン」で、みんな同じように調節力は落ちているのです。

自覚する時期の差は、その人の目の特性（近視、遠視、乱視等）によります。また、近視の眼鏡やコンタクトレンズを使用している人は、その度数の矯正の違いによっても変わってきます。

遠くがよく見える人は、同じ年齢でも近くの見えづらさは早く感じます。

遠くがあまり見えない人は、わかりやすく言えば、すでに老眼鏡をかけているようなもの。力を使わなくても近くが楽に見えるように〝矯正〟されているのです。

近視の人が近くを見るときに眼鏡をはずしたらよく見えるのは、はずす行為が老眼鏡をかけた状態と同じ見え方になるからです。

老眼は早めに気がつき、認め、処置したもの勝ちです。

この理由は、２つ。

❶ 放置することによって度数が進み、眼鏡をかけるころには違和感がアップしてしまう。

❷ 放置している間に月日は流れるもの。その間に自分の体の適応能力も衰えるため、適応するのに時間がかかる。

見えづらさを我慢することほど、損なことはありません。見えなくなってからの処置では遅いのです。40代でいかに老眼と向き合うかで、残りの人生がぐんと楽になります。

「ピントが合いづらくなった」
「目を細めたくなる」
「見るものの距離を離したくなる」
「午後になると妙に疲れる」
「近くのものを見るのが嫌になった」

こんな兆しがあったら、視力検査をして老眼対策をしましょう。

よく、安価な簡易老眼鏡で仕事をしている人を見かけますが、それだと体に悪影響を与えます。きちんと自分の目に合ったものを使わないと、眼精疲労が起こり、集中力もなくなり、作業効率がおちますよ。

事実、40代のお客様に老眼を加味した眼鏡を使っていただいたところ、みなさん「なんで今まで我慢していたんだ」「早く使えばよかった」と仕事や生活が楽になったことを感激していました。

まずは、自分の目が遠視、近視、乱視、正視のどれに当たるのか知ることが大事。眼科、眼鏡店で視力検査をして、今後予想される目の変化について教えてもらいましょう。知ることで心の準備もできるので、うまく老眼と付き合っていけますよ。

眼鏡をかけたことがない人が急に眼鏡をかけることに抵抗を感じるなら、先にも触れたように、30代のころからファッションとして伊達眼鏡を取り入れるのはどうでしょう？

老眼の症状が表れたら、その眼鏡のレンズを交換すればＯＫ。それだけで老眼生活をすんなりスタートさせるきっかけにもなりますよ。

老眼なんてこわくない。見えづらいことのほうがあなたの仕事や生活の足をひっぱります。

気になる抜け毛は眼精疲労から？

ぴったり合う眼鏡は、かける人の健康にもプラスの影響を与えます。

知り合いの女性の話です。

いつも通っているマッサージ店で施術を終えると、なんと枕には大量の抜け毛が……。

「もしかして目の疲れが原因ではないですか？」とマッサージ師。

その抜け毛の原因、眼精疲労かも？

ちょうどそのころ、その女性の友人の不調の原因がドライアイだったと聞いたところだったので、自分もドライアイが原因かもしれないと思い、眼科を受診したそうです。するとドクターから「眼鏡が過矯正だから、度数を落として遠近両用レンズに替えたほうがいい」と言われ、後日、遠近両用レンズに交換。

遠近両用レンズを使用して1ヵ月後。例のマッサージ店に行き施術してもらったところ、ほとんど抜け毛はなかったそう。

このように過矯正の眼鏡を使うことにより、ドライアイやストレスになり、抜け毛や薄毛などの影響を及ぼすことがあります。

それは、眼精疲労により目の周り、首筋、肩などの血行不良が起こり、血液とリンパの流れが悪くなり、筋肉が硬直して肩こりや頭痛になるからです。

このような症状のときは、頭皮も硬くなっています。すると毛穴が詰まって頭皮に栄養が供給されず、新陳代謝が正常に行われないので、頭皮自体が不健康になり、抜け毛や薄毛につながってしまうのです。

このことは、すべての人に当てはまるわけではありませんが、レンズの度数の見直しで、体がラクになったという話はよく聞きます。

最近、急に抜け毛が多くなった方は、一度視力検査をしてみてはいかがでしょう?

遠くが見えるのは「得」ではない

健康診断でも学校の視力検査でも、遠くはどのくらい見えているか? という検査はしますが、近くがどれぐらい見えているか？　という「近くの見え方」の検査はあまり行われていません。

しかし、PC、スマートフォン、ゲームなど、近年、遠くを見るよりは、中間距離や近くを見る場面が多くなってきています。

ということは、遠くがよく見えるより、近くが楽に見えるほうが生活しやすいことになります。

近視の人は、近くは見えるけど、遠くはぼやけてしまう。だから、遠くを見るために眼鏡を使います。遠視の人は、遠くは見えるけど、近くを見るときはピントを合わせるために筋肉を目一杯使います。だから、長時間だと疲れてくるのです。

遠くまで見える＝いい目というイメージが強い日本では、眼鏡やコンタクトレンズの矯正視力で、遠くの見え方を重視していることが多いのです。

デスクワークの人が、遠くがよく見える眼鏡をかけると、近くにピントを合わせるために、必要以上に目の筋力を使わないといけません。それはまるで、足におもりをつけて生活しているようなもの。

眼鏡やコンタクトレンズを使っている人は、疲れるような度数設定になってしまっている可能性もあるので、遠くが見えることで安心せず、一度自分の生活スタイルに合っているか、本当に快適なのか、考えてみましょう。

40代以上で今まで裸眼で生活してきた人は、まずは眼科検診を！　自分の目の現状を知ることから始めましょう。

若い頃から「目がいい」人へ、これだけは知っておいて欲しいこと

「視力がいいから眼鏡はいらない」。そう思っている人は、人生の後半戦、40歳以上は眼鏡なしでは生活できなくなるかもしれません。

とても大事な情報ですが、この事実はあまり知られていません。

これからお伝えする話を事前に知っておくのと知らないのとでは、大きく違います。しっかり読んで、受け止めてください。

調節力が落ち、老眼になるのは、みなさんご存知ですね。

「近くを見るときだけ、老眼鏡をかければいい」、そう思っていませんか?

調節力は70歳ぐらいまで落ち続けます。いわゆる「目がいい」と自分で言ってきた人は正視(屈折に異常がない状態)もしくは遠視。その方達は、調節力の低下にともない、近くはもちろん、遠くも見えなくなっていきます。そう、たまに眼鏡をかければいいわけではなく、いつもかけていないと生活しづらくなる可能性が高いのです。さらに、正視や遠視の人の老眼鏡は凸レンズを使用し、かけると物が実物より大きく見えます。近視の人はその反対の凹レンズ。これは物が実物より小さく見えます。この凸レンズは、慣れるのに時間がかかると言われています。眼鏡をかけると疲れて、日常は無理やり見えない世界で生活している人も、正視、遠視の人は多いです。けれど、視界がぼやけることで、やる気もなくなり、ミスも多くなります。今、目がいいと自分で思っている人は、定期検診に行くなど30代のうちから自分の目に関心を持つようにしてください。調節力低下を早いうちから処置することで、人生の後半戦にも大きく差が出ます。

眼科か眼鏡店か?

視力検査は、どこですればいいのか?

長年、眼科で検査をしていない人や、目になんらかの症状がある人は、より詳しく診てもらえるので、眼科で視力検査をしてもらうほうが安心でしょう。

眼鏡店で検査してもらうなら、しっかりとした知識のあるところで。眼鏡店の店員には、フレーム選び、矯正度数、レンズ選び、フィッティングまでトータルで相談できるというメリットがあります。

本当にいい眼鏡店は、時間をかけてその人の性格や生活スタイルを聞き出します。しっかりとしたカウンセリングをして、それを考慮した検査結果を導いてくれます。

さらに、検査をしている段階で何か目に異常を見つけた場合は「眼科受診」をすすめてくれるでしょう。私もお客様の視力検査の段階で異常を発見し、眼科受診をおすすめして、目の病気が発覚したことがたくさんあります。

中には目に異常があることに気がつかない、気づいていてもそのまま検査だけして販売する店員もいるので、視力検査の段階で信頼できないなと思ったら、要注意です。フレームが気に入っているなら、フレームだけ購入して眼科を受診し、信頼できる眼鏡店でレンズだけ入れてもらいましょう。

まずは、眼科でも眼鏡店でも積極的にいろんな話をしましょう。そしてわからないことは質問してみましょう。それによって信頼できると感じた人に自分の目を任せるのが一番です。

視力検査は千差万別

どこで誰に視力検査をされるかは、実はとても重要です。

欧米や先進国では、眼科医とは別に、眼鏡全般に関するプロフェッショナル「オプトメトリスト」という国家資格があります。

オプトメトリスト制度がある国では、その資格がないと眼鏡店を開業できないし、視力検査ができるのはこの資格がある人のみです。国によって、レベルと試験内容は違いますが、基本的には高度な医療知識を習得し目の健康を守る勉強をしています。

この資格があることにより、視力検査をする人はある一定の知識と技術を有し信頼性が保たれています。

残念ながら、日本にはこの制度はありません。その代わり、眼科医のもとで視機能検査の実施や、斜視や弱視などの視機能に障害を持つ人に矯正訓練を行う国家資格の「視能訓練士」と、一般的に眼鏡店の人が取得する内閣総理大臣認定の公益団体が認定する資格「認定眼鏡士」があります。

しかし、他国のように眼鏡店で視力検査をする人の資格制度はなく、誰だって開業することができるし、視力検査ができてしまいます。

おおげさにいうと、何も目のことを知らない、始めて1週間程度のアルバイトさんに視力検査をされる可能性もあるということです。

私は一度、合わない眼鏡を使用していたことがあります。

そんなに神経質ではないので、多少の変化には対応できると思っていたのですが、その眼鏡の矯正度数だけは全く慣れませんでした。

なんとか見えるけれど、すぐに疲れてしまうし、なんとなくやる気もなくなる。

初めて、合っていない矯正度数の眼鏡がどれだけつらいことかを経験しました。

どっぷり眼鏡業界にいる私だからこの症状は矯正度数が合わないせいだと気づいたけれど、目や眼鏡のことを知らない方なら、「眼鏡って疲れるし使いづらい」で済ませてしまうことでしょう。

「眼鏡は疲れません」

もし今お使いの眼鏡に違和感があるならば、それは度数が合っていないだけかもしれません。本当に見え方が合う眼鏡は、疲れることは全くありません。

ここで誤解してほしくないのは、制度がないからといって日本の眼鏡店員のレベルが低いということではありません。海外でオプトメトリストを取得されている方もいますし、日々勉強し、かなり深い知識としっかりとした技術をお持ちの方も多いです。

視力矯正として眼鏡を使うなら、確かな技術と知識のある人に、ゆっくりていねいに検査してもらってください。歯科、整体、クリーニング、どの分野も、選択は、自己責任なのです。

なぜ、私がここまで言及するかというと、眼鏡の知識がなく、無頓着でいた人たちが、「ちゃんとしたお店で作ればよかった」と後悔する姿をたくさん見てきたからです。

「知らないで後悔」は、ある意味、私たち眼鏡業界の情報発信不足にも一因があります。まずは知ってもらうことで、そういった人を少しでも減らせればと思うのです。

視力検査は、一般的なドクターの診断と同じで、100人が100人とも同じ検査結果になるわけではありません。誰に検査されるかで眼鏡の見え方も楽さも変わります。日本の現在の制度では、眼科の処方箋を持参されたお客様に対して、処方箋の度数を眼鏡店が変更することはできません。

医療の現場でも、最近はセカンドオピニオンが当たり前になりつつあります。できることならば、眼科の処方箋を持参しても、眼鏡店でまた視力検査をしてもらい、ふたつの矯正度数を比べ、本人が望む度数で作れるようになると、より快適になる気がします。

レンズ選びは仕事にプラス

「年を取るのは怖いね、最近集中力がなくて、仕事するのも嫌になるよ」と久しぶりに眼鏡のメンテナンスで来店された40代後半の男性。

もう5年間、同じ眼鏡をご使用になっていて、レンズのコーティングも剥げていました。

「せっかくだから、視力検査してみませんか？　もしかしたら、その仕事のやる気、復活させることができるかもしれません」と視力検査を実施しました。

すると、調節力が落ち、今の度数が強すぎることが判明しました。これでは疲れるはずです。

「肩こりや頭痛がありませんか？」

「ひどいからマッサージに通っているんだけど、なかなか治らなくてね」

「この度数で8時間のＰＣ作業は大変だったでしょう」

こんな会話をしながら、矯正度数を落としつつ、デスクワークが楽になる中近両用レンズのテストレンズを試してもらいました。

「こんなレンズあるんだね。遠近両用はおじいさんしか使わないと思ったよ」と言いながら、中近の見え方が気に入って、お持ちのフレームにレンズ交換してくれました。

後日、「あのレンズに替えて、嘘みたいに仕事がはかどるようになったよ。頭痛も肩こりもだいぶ改善されて、行きつけの整体師に驚かれたよ」と喜ばれていました。

30代後半にさしかかったら、レンズは真剣に選んでください。特に、肩こり、頭痛、めまいで悩まされている、目薬が手放せない、午後になるとやる気がなくなるなどの症状がある人は、度数だけでなくレンズも考慮してください。

日々の生活がガラリと変わるくらい体が楽になります。

伊達眼鏡として眼鏡をかける人も、販売されているときについているレンズはほとんどがダミーレンズです。反射防止コーティングがついたレンズに変更することをおすすめします。見た目もよくなり、見え方も楽になりますよ。

主なレンズメーカーは以下の通りです。

HOYA
Nikon
東海光学
SEIKO
ZEISS
他

ビジネスパーソンにおすすめのレンズ

眼鏡が好きという方でも、意外にこだわっていないのがレンズ。

私は昔からファッション性の高いデザインの眼鏡が好きですが、「もし眼鏡にかける予算がないなら、フレーム代を妥協してでも、いいレンズを入れたほうがいい」というぐらいレンズは重要視しています。

視力矯正としてかけるなら、やはり見える世界を左右するレンズはとても重要です。しかし、レンズはフレームのように見た目に違いがあるわけではないので、理解するのが容易ではないかもしれません。よくわからないので、店員に言われるがまま。もしくは値段の安いレンズにしてしまう人も多いと思います。

基本は眼鏡店の人に自分の生活スタイルを話し、おすすめしてもらえばいいのですが、店員さんのレベルにも差があるもの。どんな店員さんから接客されたとしても、自分が少しレンズのことを知ってさえいれば、失敗しないレンズ選びにつながります。

まずはレンズにいろんな種類があることを知っているだけでも、選ぶ手助けになるはずです。

現在多く使用されている度付きレンズには大きく分けて、単焦点レンズと累進レンズという2種類があります。

単焦点レンズは、一般的に使用されている、近視、遠視、乱視などの屈折補正に使われています。一枚のレンズの中で、あらかじめ一番はっきりする位置を決定します。度数はひとつなので、どこを見ても同じ度数で見えます。

ビジネスパーソンにおすすめしたいのは、累進レンズ。

累進レンズについて

累進レンズとは、一枚のレンズで境目がなく、徐々に度数が変化するレンズです。現代は快適に見える、レンズの開発が進んでいます。

・眼精疲労を予防するサポートレンズ
・遠くも近くも見える遠近両用レンズ
・室内から手もとまで見やすい中近両用レンズ

・デスク周りが難なく見える近近両用レンズ

など、生活スタイルに合わせたレンズがいろいろあります。

累進レンズは、一枚でいろんな距離が見やすくなっている分、多少慣れが必要です。遠くを見るときはこの場所で、近くを見たいときはこの場所でと、見たいものを見るときのエリアがあります。

だから、単焦点のようにどこで見ても同じように見えるわけではありません。すべてを一本の眼鏡で見られるようにするため、レンズの設計上、多少横の部分に揺れや歪みを感じます。

そのせいか、「遠近両用は使いにくい」とおっしゃる方が結構います。

ではなぜ、遠近両用は使いにくいと言われているのか？

❶ 使う人自身がレンズの特性を理解していない

眼鏡店の人にすすめられ、理解しないまま作って、使いづらいとすぐにタンスの肥やしにしてしまっている人が意外に多い。

眼鏡店側の説明不足もあるかもしれませんが、説明をきちんとしても、受ける側がきちんと聞いていないことも結構あります。

それではどんなにいいレンズを使っても、どんなに技術がある眼鏡店で作っても、快適な見え方にはなりません。

長所も短所も理解した上で、自覚を持ってレンズも選んでください。そうすれば「使いづらい」にはなりません。出来上がったら、お店で店員さんに教えてもらいながら、使い方の練習をしましょう。

❷ 使い出す年齢が遅すぎる

遠近両用は60歳、70歳になってから使うものだと勘違いされていますが、その年齢でスタートするのでは遅すぎます。その年齢では度数も進み、適応能力も落ちているので使いづらくなるはずです。40代でスタートしましょう。

この2点を注意すれば、あなたの生活をプラスにしてくれる夢のようなレンズになります。

累進レンズは早い段階から使用しましょう。若く適応能力があると、揺れ・歪みもあまり感じず、使用の際のコツも難なくつかめます。一度慣れてしまうと60歳、70歳でも違和感なく使用できます。

いくら外見が若く見えても、年々、脳や体には変化が表れるものです。中間距離と近距離が中心の今の生活スタイルを考えると、累進レンズは必須アイテムといえます。

偏見を持たず、一度眼鏡店でテストレンズを試してみることから始めてください。単焦点より使いやすいことを実感してもらえるはずです。

ブルーカットコーティングは本当に効果あり？

ＰＣ作業の目の疲れを軽減するレンズとして有名なのは、ブルーカットレンズです。ＰＣに使われているＬＥＤ液晶ディスプレイの光の眩しさから目を保護するために開発されたコーティングです。

ブルーカットコーティング付きだと、それをかけている本人には、見え方が少し黄色っぽくなります。他人からは、レンズの反射光がブルーに見えます。デザイナーなど色を見るお仕事の人は、そのことも加味して、使用するかしないかを検討してください。

レンズメーカーによってブルーカットコーティングの性能も特性も多少違います。安いレンズと高いレンズがあるのは、根本的に作りに違いがあります。

このコーティングは、本当に効果があるのか？

これは、賛否両論のようです。

毎日8時間ぐらいPCとにらめっこしている友人は、楽になると言っていますし、お客様の中には、使ってみたけど反射光が気になってやめたという人もいます。

私がこのレンズをおすすめするときは、人によって効果の感じ方が違うという説明をします。その上で、眼鏡店にテストレンズがあるので、それを実際目に当てて、スマホなどを見て確認してもらい、自分でその違いを体験してもらっています。実際体験して、必要か必要でないかを自分で判断してみてはいかがでしょう。

PC作業を楽にしてくれるレンズは、実はブルーカットだけではありません。

例えば、加齢と共に水晶体が黄色く変色し、視界が黄色っぽくなり識別能力が下がり、物が見えづらくなることがあります。もしあなたが50歳以上なら、イエローライトをカットし、コントラストが上がるコーティングを試してみてもいいかもしれません。

他にもコーティングは各社からたくさんの種類が出ています。どのコーティングも幅広い方を快適にしてくれます。

ぜひ、コーティングにも興味を持っていただきたいので、２０３ページに私なりのおすすめコーティングの選び方を紹介しています。興味を持ったコーティングは、店員さんに質問するか、メーカーのＨＰで詳しくチェックするのをおすすめします。

眼精疲労がひどい人は、視力に何かしらの問題があることがほとんど。視力に問題があるのに、度の入っていないブルーカットレンズを使用しても意味がない、おまじないのようなもの。楽になった気がしているだけかもしれません。度の入っていないブルーカットレンズをかける前に、視力検査をおすすめします。眼精疲労は体全体に悪影響を及ぼします。根本から解決しましょう。

ビジネスにプラスの累進レンズ

遠近両用レンズ

おすすめ世代 40歳〜

一枚のレンズの中で遠用エリア、中間エリア、近用エリアに分かれていて、目的に合わせて、意識的に目線を合わせることで、ピントが合う。多少の慣れは必要ですが、非常に便利。営業職のような外回りや、車の運転におすすめ。プライベートなら、観劇、美術館、釣りのようなアウトドアシーンでも使いやすいです。PC 作業は長時間だと肩や首が疲れる可能性があります。

サポートレンズ

おすすめ世代 〜45歳

レンズの下側エリアの度数が少し弱く設計されているため、近くを見るときに調節する筋肉(毛様体筋)をサポートしてくれる。電動自転車やむくみ防止ストッキングのように疲れを緩和させるアイテム。見る場所を意識しなくていいから使いやすい。40代になると調節力が衰えてくるので、30代までの人が使用するほうがより重宝します。

近近両用レンズ

おすすめ世代 40歳〜

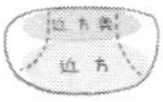

座りっぱなしのデスクワークの人におすすめ。机に新聞を広げ、全面を読めるぐらいの視野。単焦点の老眼鏡の場合、資料を見ながら PC 作業をすると、近くもしくはPC画面に見えづらさを感じます。このレンズならそれが解消。近くの視野が広いので針仕事のような細かな作業、長時間の読書などに向いています。遠くを見るときははずすか、眼鏡を鼻まで下げて鼻眼鏡として使用しましょう。

中近両用レンズ

おすすめ世代 40歳〜

初めての老眼鏡にもおすすめ。近くから中間距離が快適に見えるレンズです。疲れない姿勢で PC 作業が楽になります。
会議中、目線だけを変えれば、同僚の顔もはっきり見えるし、近くの書類も見えます。自分の生活スタイルに合わせて焦点距離を設定することもできます。生活スタイルに合わせた適応能力が非常に高い。面倒なかけはずしも少なくてすみます。

	旅行	車の運転	買い物	セミナー	美術館	PC 作業	打ち合わせ	読書	針仕事
サポートレンズ	◎	◎	◎	◎	◎	◎	◎	◎	◎
遠近両用レンズ	◎	◎	◎	◎	◎	△	○	△	X
中近両用レンズ	△	X	○	△	△	◎	◎	○	○
近近両用レンズ	X	X	△	△	X	◎	○	◎	◎

◎使いやすい　○使える　△使いづらい　X 使えない

視力検査・レンズ選びのポイント

40代になると調節力が落ち、視力も著しく変化を感じてきます。「老眼になった」と落ち込まず、受け入れること。見てみないふりが将来、後悔することにつながります。視力検査のときは必ず近くの視力や調節力も測ってもらいましょう。昨日まで見えていたものが急に見えづらくなるので、見えづらさを感じたらすぐに眼科へ。ちょっと行きづらく感じるならまずは眼鏡店に相談してもOK。見えなくなってから対処ではなく、見えているけれど、疲れないための対処を。

POINT

- **累進レンズを使ったことがない人は、「単焦点」「遠近両用」「中近両用」最低でもこの3つをテストレンズでかけ比べ、レンズの特性を実感しよう。**
- **技術と知識のある眼鏡店を選び信頼できる店員に相談しよう。**

長時間のPC作業にスマホ。知らず知らず、今使っている眼鏡の度数が強すぎて眼精疲労を引き起こしていることも多い。40歳未満なら視力検査のときに「単焦点レンズ」と「サポートレンズ」の2種類は試着させてもらって、見え方の違いなどを実感してください。普段デスクワークが多いなら、遠くがよく見えるよりは近くの作業が疲れない度数を店員さんに提案してもらいましょう。

POINT

- **「単焦点レンズ」と「サポートレンズ」はテストレンズでかけ比べ、レンズの特性を実感しよう。**
- **度数設定、コーティングは、生活スタイルを重視した選び方をしよう。**

こんなコーティング選びはいかが？

START → PCを長時間使用する。

NO → 車の運転をする。
YES → 眩しく感じる。

眩しく感じる。 YES → より効果があれば、カラーレンズでもいい。
より効果があれば、カラーレンズでもいい。 YES →

＼オススメ／
PC用カラーレンズ
眩しさの原因である青色光をカット。レンズカラーによって色の効果も変わるので、より自分の快適な視界環境が選べる。

車の運転をする。 NO → 見た目にはこだわりたい。
車の運転をする。 YES →

＼オススメ／
Kodak
ネオコントラスト
色のコントラストがアップ。可視光線の黄色をカットし、眩しさを軽減。レンズに薄く色が入る。

眩しく感じる。 NO → 見た目にはこだわりたい。
より効果があれば、カラーレンズでもいい。 NO → (デザイナーなど)色を見る仕事だ。
(デザイナーなど)色を見る仕事だ。 NO →

＼オススメ／
ブルーカット
青色光をカットし、眩しさ、チラつきなど目の負担を軽減。見た目は透明だが、やや黄色っぽく見える。メーカーによって差がある。

東海工学
ルティーナ
紫外線や青色光を吸収する"ルテイン"という色素を保護し、目の健康を維持。

見た目にはこだわりたい。 YES →

＼オススメ／
HOYA
SFTコートICE
反射光が白色系で、目元の印象が明るくなる。

HOYA
フォグガードコート
曇りにくいレンズ。

見た目にはこだわりたい。 NO →

＼オススメ／
・拭き取りやすい。
・傷に強い。
・埃がつきにくい。
上記タイプのコーティング。
※各社取り扱いあり。

(デザイナーなど)色を見る仕事だ。 YES →

＼オススメ／
青山眼鏡 b.u.i
表面に半透明の特殊金属を使用し、優しい光に変え疲れを軽減する。色のコントラストもアップする。

M-POS
表面に凹凸が加工され刺激光を和らげ、眩しさを軽減する。色のコントラストもアップする。

※どのコーティングも、ほとんどの方は快適に使用できます。最終的には眼鏡店で店員さんに相談の上、テストレンズをかけてみてください。コーティングの効果を実感、理解して選びましょう。

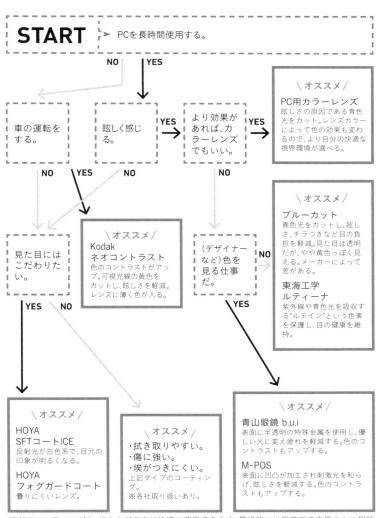

怖い紫外線

ＷＨＯ（世界保健機関）の報告によると、失明する原因の1位は「白内障」（"Global Data on Visual Impairments 2010"より）だそうです。

知り合いの香港の眼鏡店が、中国で実施された白内障手術「ブライトキャンペーン」のドキュメンタリー写真展を開催したことがきっかけで、そのことを知りました。

「白内障」は、目の中にあるカメラでいうレンズの役割をしている水晶体が白く濁ってしまう目の疾患です。日本では日帰り手術で今や簡単に治ると言われています。

中国の雲南省の高山地区にある小さな町では、紫外線が強く、働き盛りの30代で白内障が原因で失明する人が急増。労働力がなくなり、大変貧しい生活を送っているとのことでした。そこで、国の援助で白内障手術を無料で受けさせようというプロジェクトが発足し、無料手術が行われています。それが、「ブライトキャンペーン」。

その眼鏡店では、いらなくなったサングラスを集め、紫外線から目を守るためにその町の人に提供するボランティアも行っていました。

紫外線が体に悪影響を及ぼすのは、ほとんどの人が知っていることでしょう。

でも、日本ではサングラスをかけるのが恥ずかしいからと一本も持っていない人も多いようです。ビーチなど、紫外線が強い場所に行くからとサングラスを買ったものの数千円の安物で、逆に目を痛め眼科行きになったというお客様も多くいます。

発展途上国では、紫外線から身を守るサングラスを買うことも、白内障の手術を受けることも困難な状況。

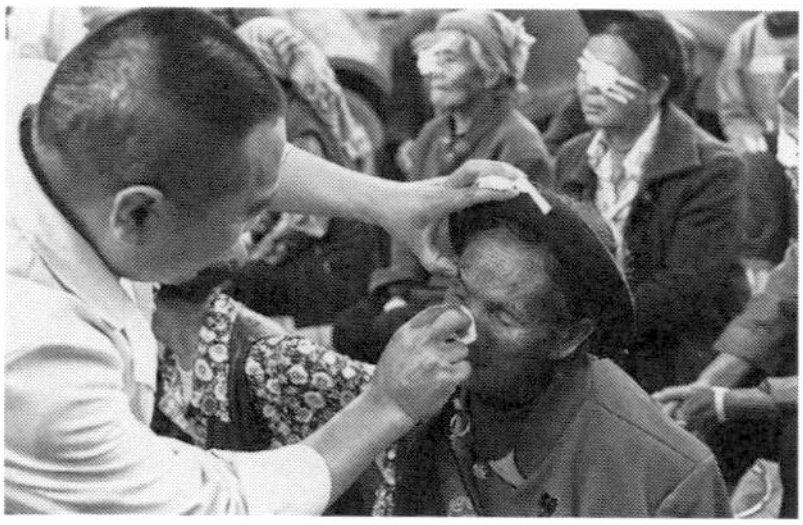

中国で実施された「ブライトキャンペーン」
photo by Pazo Ho

私たちは、自分の意志で紫外線から身を守ることができます。ぜひ、健康のためにサングラスをかけてください。今のその行動が、あなたの数年後、数十年後の目を守ります。

脳への刺激となる情報の9割は目から入るとも言われています。ぜひ、自分の目に関心をもち、紫外線から目を守りましょう。

ちなみに、透明の度付きレンズにもUVカットは搭載されていますす。誤解のないようにお伝えしておきますが、眩しさと紫外線量は違います。眩しさをなくしたいときは、レンズに色を入れましょう。

サングラス選びのコツ

くり返しになりますが、日本人はサングラスに抵抗がある人が多いようです。

ただ単に、「カッコつけてる」と思われるのが嫌という声も耳にします。

でも、前述したように、健康のためにサングラスをかける習慣をつけてほしいのです。

簡単ではありますが、サングラス選びのポイントをご紹介します。


サングラスをかける前の心構えとして、「別人になる」と思ってください。

レンズに色が入る時点で、いつもと同じ印象になるということはありえません。

それならば眼鏡同様、「別人になるぞ」という心構えをしてかけると、抵抗感がなくなるものです。


どうしてもサングラス姿に抵抗がある人は、初めは普通の眼鏡フレームに薄めの色のレンズを入れて使いましょう。

大きめで目が見えないレンズは、慣れないと抵抗を感じるのはあたり前。そこで、小ぶりなフレームに30〜50％ぐらいの目が透ける程度の色を入れると、濃いレンズよりは抵抗感はなくなるはず。街がけのときなど日常使いにおすすめです。

濃度30％ぐらいの小ぶりで色の薄いサングラスは、室内に入ってはずさなくても見た目はおかしくありませんし、曇りの日や夕方など、少し暗くなっても使いやすいです。

使わなくなった眼鏡をカラーレンズに交換してサングラスにするというのもおすすめです。

車の運転や海など、日差しが強いところで使用する場合は、見た目に違和感があっても濃いレンズを選んでください。

乱反射を防ぎ、視界を快適に見せる偏光レンズを使うと、目も疲れず見えやすいです。

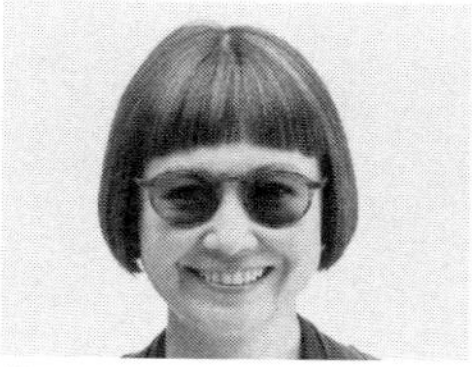

普通の眼鏡フレームに、薄い色のついたレンズを入れるといい。

定番の大きめのサングラスは眉毛が隠れるとGOOD。

濃いレンズを入れるときは、レンズが小さすぎると独特な個性が出るので、ある程度大きさがあるものを選ぶのもポイントです。

そして、サングラスでも気をつけるべきことは、かける位置。

サングラスのときは、特に眉毛に注目しましょう。**基本的には、眉頭とフレームが重なる、もしくは隠れるぐらいがベスト。**

小さいフレームで眉毛が出てしまうのはしようがないこと。薄めのレンズだと眉毛が出ていても気にならないので、無理に眉毛を隠そうとしないでください。

かなり大きめなフレームの場合は、やっぱり眉毛が隠れたほうがかっこいいです。

サングラスは自分のキャラクターと用途に合わせてレンズの色を選び、レンズ交換をすることをおすすめしています。

販売されているサングラスは、もともとかなり濃いレンズが入っているので、違和感がある場合が多い。でも、そのレンズの濃度や色を変えれば、印象が全く変わってきます。

レンズの色、グラデーションになっているかなど、フレームと自分のスタイルに合わせて店員さんに相談しながらレンズも決めるといいでしょう。

日々のケア

かくいう私も、スマホにPCと、目を酷使する生活を送っています。
そんな私が、目のために行っている簡単ケアの一部をご紹介しましょう。

眼精疲労の大きな原因は、血行が滞っているから。なので、血行をよくするように心がけています。

PC作業中
・時々目をぎゅっと強くつぶる
・肩回し、首回し

暇なときにツボ押し
眼精疲労に効くツボは、いろいろありますが、顔の周りのものが多く、面倒臭がり屋の私はついついツボ押しするのを忘れてしまいます。

爪もみ

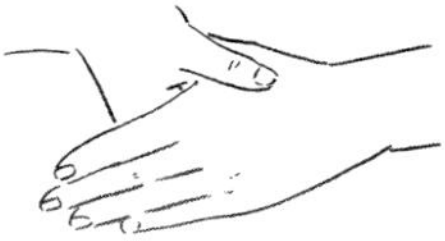

合谷のツボ

そんな私が続けているのは、

・合谷《ごうこく》（親指と人差し指の付け根の間にあるツボ）をギュッギュッ。

・爪もみ。両手の指先（爪の生え際）を反対の指で挟んで、ギュッギュッ。

これは移動中の電車の中、打ち合わせ中、ＰＣ作業に疲れて一息タイムのとき、いつでもできるので、毎日やっています。眼精疲労に特化したツボではありませんが、気持ちがよく、体が温かくなります。

一日のおわりには、ホットアイマスク

目を温めるのは効果抜群。温めることで目の調節力が上がります。

ＰＣを長時間使用している人は一日の終わり、もしくは昼休みなど空いた時間に目を温

めることを心がけましょう。

・あずきの入ったアイマスク（電子レンジで40秒ほど温め、まぶたの上にのせる）
・「めぐりズム　蒸気でホットアイマスク」（花王）
・蒸しタオル（タオルを濡らして絞り、電子レンジで1分ほど温める）
・お風呂で湯船に浸かっているときに蒸しタオルを作って目を温める。
・手でホットアイマスク
手のひらを1分ほどすり合わせ、摩擦熱を起こします。温まった手のひらで目を覆い、目もとを温める。

ぜひ、自宅やオフィスで疲れたときにやってみてください。

面倒臭がり屋の人へ

私が提案する眼鏡アンテナを立てたり眼鏡店チェックは面倒臭いと思う方。
自分で頑張りたくないなら、他力本願でいきましょう！

眼鏡選び　まとめ

❶ 自分が素敵だなと思う眼鏡人に、どこのお店に行っているかを聞く。
❷ そのお店に行ってみる。
❸ すぐに店員に話しかける。
❹ 店員に自分の生活スタイルを話す。
❺ どんな印象になりたいか伝える。
❻ 店員に数種類タイプの違う眼鏡をおすすめしてもらう。

❼ すすめてもらったもので気になったものはキープ。それ以外は棚に戻す。
❽ 気になったものを一気に集め、再度鏡でチェック。
❾ 店員おすすめのものと、自分が気になったものを再度、かけ比べて無理やり消去法で絞る。
❿ 最終決定。

わからないなら基本はプロにゆだねる！
それが一番です。
ただし、店員がプロかプロでないかは自分で判断を！
逆に損をすることになることもありますからね。

おわりに

「ビジネスマン向けの眼鏡の本を作りませんか?」

この本の担当編集者の榎本さんにお話をいただいてから、スーツを着ている男性が気になって気になってしようがありませんでした。

どんな髪型をしているんだろう? 表情は? ネクタイは? 靴は? 鞄は? もちろん眼鏡は?

学生時代から染みついた「人間観察」グセのおかげで、キーワード「スーツ」とインプットすると、無意識に私の目線はそのポイントにズームされる仕組みになっています。スーツの男性から男性全般に私の「ビジネスマンアンテナ」は移行し、その結果、「男性は眼鏡で数倍素敵に変身できるし、仕事にもプラスになる」と確信しました。

なぜ、そう思ったか?

❶ 多くの人がフィッティングが合っていない眼鏡をかけていること。

❷ 自分がかけている眼鏡によって、第一印象が決まることに無頓着。

❸ 技術や知識のある眼鏡店で購入している人が少ないと推測される。

この3つでした。そして、どんな人でも「魅力」がある。その魅力に自分で気がついていない人も多い。電車の中の知らない男性の眼鏡姿を、頭の中で勝手に想像し、「やっぱりかっこよくなる」と自画自賛したものでした（もちろん男性だけでなく、女性も眼鏡で素敵に変身することは、本書の中でお話しした通りです）。

私は人がとても好きです。眼鏡はその人の魅力を無限に引き出します。知らなかった魅力に出会うお手伝いができるこの仕事が大好きです。

眼鏡店には、大なり小なり、ネガティブな感情でご来店される方も少なくありません。でも、帰りにはみなさん「ありがとう」と言って、笑顔でお店を後にされます。

たった一本。

眼鏡が人の気持ちも健康も変えてしまう。そのすごさを目の当たりにし、私は眼鏡をもっとたくさんの人に知ってもらいたいと思いました。もっと眼鏡を知りたくて、ドイツに移住し、眼鏡ブランドのアトリエに勤務しました。休暇中にはいろんなブランドのオフィスを訪問し、展示会では世界中の眼鏡関係者と交流を深めました。その後、もっと眼鏡や目のことを伝えたくて、眼鏡スタイリストとしてスタートしました。

そのきっかけは、「もっと目や眼鏡のことを知っておけばよかった」と、多くのお客様が後悔されていたこと。

「違和感を放置した結果、症状が悪化し生活に支障をきたしている人」
「子供の頃、目に疾患があることに両親が気がつかなかったために、治療が遅れ、視力矯正しても十分な視力がなく、職業を自由に選べなかった人」
「老眼ということに抵抗があり、ギリギリまで無理をし眼精疲労に悩まされ続けた人」
目や眼鏡のことを知らないと仕事はもちろん、生活、人生に悪影響を及ぼすことがあるのです。

お客様の後悔の声や海外での経験から、眼鏡の楽しみ方を伝えるだけでなく、眼鏡は医療器具ということを再認識してもらい、目を気にするきっかけとなる仕事がしたいと思いました。

眼鏡選びは本当に難しい。
でも、少し意識を変えるだけで、あなたの人生を変える「似合う眼鏡」に出会えます。
そして、一瞬で、眼鏡が大好きになり、生活にも変化が表れます。

何度もいいますが、人生の半分は老眼。
一生のうちで眼鏡をかけない人はほとんどいません。
眼鏡の世界はとっても面白い。どうせかけるならウキウキする眼鏡をかけてください。
眼鏡はドラえもんのように、かける人をさまざまな角度からサポートしてくれます。

本書は私が20年間、眼鏡に魅了されて感じたことを書きました。しかし、これがすべて正しいというわけではなく、ひとつの意見として受け取っていただけたらと思います。私ができることはきっかけ作り。全国にはたくさんの眼鏡店があります。そこで働く多くの人は日々勉強し、頑張っています。もちろん私と真逆の考え方もあるでしょうし、私と同じように眼鏡を考えている人もいるでしょう。どれも正解だと私は思います。みなさんが信用でき、「いい眼鏡を作れた」と思うことが大事です。
この本を読んで、目や眼鏡に対する意識を変えて、自慢したくなる眼鏡に出会い、人生やビジネスにプラスになる人が増えてくれたら嬉しく思います。

最後になりましたが、本書の出版にあたって、本当に素敵な制作メンバーに恵まれたことを感謝いたします。

MYKITA（マイキータ）
㈷マイキータ ジャパン
☎03-3409-3783 https://mykita.com

OLIVER PEOPLES（オリバーピープルズ）
㈷オリバーピープルズ 東京ギャラリー
☎03-5766-7426 http://oliverpeoples.jp

OPORP（オポープ）
㈷プロポデザイン
☎06-6535-0124 http://www.propodesign.com

prodesign:denmark（プロデザイン:デンマーク）
㈷AOE
☎045-434-0090 http://www.prodesigndenmark.com

REIZ GERMANY（ライツ ジャーマニー）
㈷LDJロジスティックス
☎045-564-9494 http://www.reiz.net

ROBERT MARC（ロバート マーク）
㈷グローブスペックス エージェント
☎03-5459-8326 http://www.robertmarc.com

RODENSTOCK（ローデンストック）
㈷ローデンストックジャパン
☎03-5777-5712 http://www.rodenstock.jp

Silhouette（シルエット）
㈷シルエット株式会社
☎03-3836-0242 http://www.silhouette.com

STARCK EYES（スタルク アイズ）
㈷ミクリ ジャポン
☎03-3401-7981 http://www.mikli.com

STEADY（ステディ）
㈷ステディ
☎03-5787-8371 http://www.steady-2011.com

THEO（テオ）
㈷テオ・ジャパン
✉theojapan@telenet.be
http://www.theo.be/ja

TonySame（トニーセイム）
㈷トニーセイムジャパン
☎03-6914-0008 http://www.tonysame.com

TRACTION PRODUCTIONS（トラクション プロダクションズ）
㈷LDJロジスティックス
☎045-564-9494 http://www.tractionproductions.fr

TURNING（ターニング）
㈷谷口眼鏡
☎0778-65-0811 http://www.turning-opt.com

VOLTE FACE（ボルト ファース）
㈷ボルトファースジャパン
☎06-6761-6410 http://www.volteface.com

XAVIER DEROME（ザビエル デローム）
㈷トゥーランドット
☎06-6442-4060 http://www.xavierderome.com

YELLOWS PLUS（イエローズ プラス）
㈷G.A. イエローズ
☎0778-43-0185 http://www.yellowsplus.com

YUICHI TOYAMA（ユウイチ トヤマ）
㈷アトリエサンク
☎03-6407-0990 http://usholic.tumblr.com

Z-parts（ジーパーツ）
㈷小田幸
☎0776-28-5870 http://www.odakoh-inc.jp

レンズ・その他

HOYA（ホーヤ）
㈷HOYA ビジョンケアグループお客様相談室
📞0120-22-4080 https://www.vc.hoya.co.jp

b.u.i（ビュイ）
㈷青山眼鏡 b.u.i事業課
☎03-3231-8131 http//www.aoyamaopt.co.jp/group/bui.php

ZEISS（ツァイス）
㈷カールツァイスビジョンジャパン株式会社
☎03-6745-9957 http://www.zeiss.co.jp/vision

Kodak（コダック）
㈷エスエイビジョン
http://sajapan.jp

M-POS（エムポス）
㈷レブラ
✉info@revra.co.jp http://m-pos.jp

Nikon（ニコン）
㈷ニコンエシロール
☎03-5600-8482 http://www.nikon-lenswear.jp

SEIKO（セイコー）
㈷セイコーアイウェアお客様相談室
☎03-5542-5050 https://www.seiko-opt.co.jp

東海光学
㈷東海光学 お客様相談室
☎0564-27-3050 http://www.tokaiopt.jp/

BRAND LIST ブランドリスト

ACTIVIST EYEWEAR（アクティヴィスト アイウェア）
㊐アクティヴィスト アイウエア
✉japan@activisteyewear.com
http://www.activisteyewear.com

BARTON PERREIRA（バートン ペレイラ）
㊐サンライズ株式会社
☎03-6427-2980 http://www.bartonperreira.com

BJ CLASSIC（ビージェイ クラシック）
㊐ブロスジャパン
☎0778-52-7075 http://www.bros-japan.co.jp

DJUAL（デュアル）
㊐デュアル
☎03-6455-4690 http://www.djual.jp

EFFECTOR（エフェクター）
㊐エフェクターアイウェア
☎03-6427-6128 http://www.effector-eyewear.com

EMRiM（エムリム）
㊐アイメトリクス ジャパン
☎03-3780-4850 http://www.emrim.jp

FACE Á FACE（ファース ア ファース）
㊐ファース ア ファース ジャパン
☎050-5809-3769 http://www.faceaface-paris.com

999.9（フォーナインズ）
㊐フォーナインズ
☎03-5727-4900 http://www.fournines.co.jp/

Flair（フレア）
㊐ミーティングポイントスクエアー
☎06-4806-4430 http://www.flair.de

FLEYE（フライ）
㊐フライ・ジャパン
✉fleye@fleye.dk
http://fleye.dk

FREDERIC BEAUSOLEIL（フレデリック ボーソレイユ）
㊐トゥーランドット
☎06-6442-4060 http://www.beausoleil.fr

frost（フロスト）
㊐フロスト・ジャパン
✉japan@pmfrost.de
http://www.pm-frost.de

H-fusion（エイチ フュージョン）
㊐オプト・デュオ
☎0778-65-2374 http://www.optduo.co.jp

HENAU（エノウ）
㊐LDJロジスティックス
☎045-564-9494 http://www.henau-eyewear.com

HERRLICHT（ヘアリヒト）
㊐ドイツマイスター眼鏡院
☎03-6804-1699 http://herrlicht-japan.com

HOET（フート）
㊐フート
✉info@hoet.de http://www.hoet.eu

ic! berlin（アイシー! ベルリン）
㊐アイシー! ベルリン ジャパン
☎03-6804-2064 http://www.ic-berlin.de

J.F.Rey（ジェイ・エフ・レイ）
㊐ジェイ・エフ・レイ ブティックトーキョー
☎03-5458-0019 http://www.jfrey.jp

JAPONISM（ジャポニスム）
㊐グロス銀座
☎03-5579-9890 http://www.bostonclub.co.jp

KAZUO KAWASAKI（カズオ カワサキ）
㊐MASUNAGA1905
☎03-3403-1905 http://www.masunaga-opt.co.jp

Lafont（ラフォン）
㊐イワキメガネ
☎03-3462-1504 http://www.lafont.com

LESCA LUNETIER（レスカ リュネティエ）
㊐グローブスペックス エージェント
☎03-5459-8326 https://lescalunetier.com

LINDBERG（リンドバーグ）
㊐リンドバーグ
フリーダイヤル0120-981-913 https://www.lindberg.com

Line Art CHARMANT（ラインアート シャルマン）
㊐シャルマン
カスタマーサービス フリーダイヤル0120-480-828
http://www.lineart-charmant.com/ja/

LUCAS de STAËL（ルーカス ド スタール）
㊐トゥーランドット
☎06-6442-4060 http://www.lucasdestael.com

Lunor（ルノア）
㊐グローブスペックス エージェント
☎03-5459-8326 https://lunor.com

Markus T（マルクス ティー）
㊐ブリッジ
☎078-413-1030 http://www.markus-t.com/de

MASAHIRO MARUYAMA（マサヒロ マルヤマ）
㊐オフィスマルヤマ
☎03-6452-3964 http://maruyamamasahiro.com

MASUNAGA since 1905（マスナガシンス 1905）
㊐MASUNAGA1905
☎03-3403-1905 http://www.masunaga-opt.co.jp

藤　裕美

（とう・ひろみ）

とう・ひろみ／1977年、福岡県生まれ。眼鏡スタイリスト。10年間、眼鏡店で働きながら彫金技術を学び、ネジからすべて眼鏡を製作、個展も開く。24歳のときに店長として、ショッププロデュース、買い付けを担当。さまざまなイベントも企画する。多くの人が眼鏡で人生が変わることを実感し、もっと眼鏡を知ろうと、2007年にドイツへ渡り、眼鏡ブランド「frost」に勤務。作り手側からも眼鏡の知識を深める。帰国後、眼鏡の魅力を伝えるため、眼鏡スタイリストとして活動を開始。世界中を飛び回り、海外の有名デザイナーをはじめとする眼鏡関係者と交流を深める。国内外で著名人のスタイリングや、誌面でのスタイリング、講演会、デザインアドバイス、コンサルタントなど、眼鏡というキーワードを軸に、新しい発信を続けている。著書に『めがねを買いに』（WAVE出版）。

まずは自分の目の現状を知ってください。

公式HP「眼鏡予報」内では、「目の無料相談ウェルカム!!」と言ってくれているお店を多数紹介しています。ぜひ、HPをチェックしてください。

眼鏡予報→http://glasses-o-o-brille.com/

あなたの眼鏡《めがね》はここが間違《まちが》っている
人生にもビジネスにも効く眼鏡の見つけ方教えます

2016年12月13日　第1刷発行

著者　藤《とう》　裕美《ひろみ》
デザイン　TYPEFACE（AD：渡邊民人　D：谷関笑子）
イラスト　小池アミイゴ
取材　岡村明子
写真　伊藤泰寛（静物）、井上孝明（人物）（講談社写真部）
構成　榎本明日香

発行者　鈴木 哲
発行所　株式会社講談社
〒112-8001　東京都文京区音羽2丁目12-21
電　話　編集03-5395-3522
販売03-5395-4415
業務03-5395-3615
印刷所　慶昌堂印刷株式会社
製本所　株式会社国宝社

ISBN978-4-06-272967-3
定価はカバーに表示してあります。